数 控 技 术

主　编　王苏馨
副主编　张燕荣
主　审　关雄飞

西北工业大学出版社

【内容简介】 全书共 8 章,以数控技术的实际应用为基础,介绍数控设备的工作原理、控制原理,各组成部件的工作原理和组成,并介绍了常见数控设备的使用与维护。在编写中,注意反映数控技术的现状,特别是在此领域中的新技术和新发展,使该书具有一定的先进性;同时既注重基础理论,又能从实际出发,注重实用技术的培养。

本书可作为机械制造自动化专业、机电一体化专业及其他相关专业教材,也可供从事数控技术、机电一体化技术、自动化技术等工作的工程技术人员参考。

图书在版编目(CIP)数据

数控技术 / 王荪馨主编 . —西安 : 西北工业大学出版社,2014.12
　ISBN 978 - 7 - 5612 - 4236 - 0

　Ⅰ.①数… 　Ⅱ.①王… 　Ⅲ.①数控机床 　Ⅳ.①TG659

　　中国版本图书馆 CIP 数据核字(2015)第 004049 号

出版发行:西北工业大学出版社
通信地址:西安市友谊西路 127 号　　邮编:710072
电　　话:(029)88493844　88491757
网　　址:www.nwpup.com
印 刷 者:兴平市博闻印务有限公司
开　　本:787 mm×1 092 mm　1/16
印　　张:12.875
字　　数:314 千字
版　　次:2015 年 1 月第 1 版　2015 年 1 月第 1 次印刷
定　　价:29.00 元

前　言

　　制造自动化技术是先进制造技术中的重要组成部分,其核心技术是数控技术。近年来,随着我国"世界工厂"地位的建立,数控技术正在以前所未有的速度普及。制造业的迅猛发展,急需大批能够掌握现代数控技术的应用型高级技术人才。

　　为了适应我国高等职业技术教育的改革与发展,以及应用型技术人才培养的需要,我们总结多年教学与实践经验,编写了本书。

　　本书以数控技术的实际应用为基础,介绍数控设备的工作原理、控制原理,各组成部件的工作原理和组成,并介绍了常见数控设备的使用与维护。

　　全书共 8 章,其中第 1,7 章由西安理工大学高等技术学院张燕荣编写,第 2,3,6 章由西安理工大学高等技术学院王荪馨编写,第 4,5 章由陕西工业职业技术学院苏宏志编写,第 8 章由陕西航空职业技术学院马亚娟编写。本书由王荪馨任主编,完成全书统稿工作。张燕荣任副主编。西安理工大学高等技术学院关雄飞审阅了全书。

　　在本书编写过程中参阅了相关文献资料,在此,对其作者深表谢忱。

　　由于水平有限,且数控技术教学与实践结合的最佳途径尚在探索和发展之中,书中疏漏或不妥之处,恳请读者批评指正。

编　者

2014 年 6 月

目　录

第1章 绪 论

【知识要点】

(1)数控机床的概念；

(2)数控机床的组成；

(3)数控机床的工作原理；

(4)数控机床的分类。

1.1 数控机床的组成及基本原理

【考试知识点】

(1)数控技术的概念；

(2)数控技术的发展历程；

(3)数控机床的组成；

(4)数控机床的工作原理。

1.1.1 数控技术的发展历程

随着科学技术和社会生产的不断发展,机械产品日趋精密、复杂,改型也日益频繁。在机械制造业中,单件、小批量生产的零件已占机械加工总量的 70%～80%。现代制造业对加工机械产品的生产设备的性能、精度、自动化程度等提出了越来越高的要求。

在汽车、拖拉机等大量生产的工业部门中,大都采用自动机床、组合机床和自动生产线。但这种设备的第一次投资费用大,生产准备时间长,这与改型频繁、精度要求高、零件形状复杂的舰船和宇航,以及其他国防工业的要求不相适应。如果采用仿形机床,则要制造靠模,不仅生产周期长,精度亦受限制。

第二次世界大战以后,美国为了加速飞机工业的发展,要求革新一种样板加工的设备。1948 年,美国帕森斯(Parsons)公司在研制加工直升飞机叶片轮廓检查用样板的机床时,提出了数控机床(NC Machine)的初始设想。它是一种灵活的、通用的、能够适于产品频繁变化的"柔性"自动化机床,极其有效地解决了上述一系列矛盾,为单件、小批量生产,特别是复杂型面零件提供了自动化加工手段。

1952 年,美国帕森斯公司和麻省理工学院研制成功了世界上第一台数控机床。当时的数控装置采用电子管元件,体积庞大,价格昂贵,只在航空工业等少数有特殊需要的部门用来加工复杂型面零件。

1959 年,制成了晶体管元件和印刷电路板,使数控装置进入了第二代,其体积缩小,成本有所下降;1960 年以后,较为简单和经济的点位控制数控钻床和直线控制数控铣床得到较快发展,使数控机床在机械制造业各部门逐步获得推广。1965 年,出现了第三代集成电路数控装置,不仅体积小,功率消耗少,且可靠性提高,价格进一步下降,促进了数控机床品种和产量的发展。

20 世纪 60 年代末,先后出现了由一台计算机直接控制多台机床的直接数控系统(简称 DNC,又称群控系统)和采用小型计算机控制的计算机数控系统(简称 CNC),使数控装置进入了以小型计算机化为特征的第四代。1974 年,研制成功了使用微处理器和半导体存储器的微型计算机数控装置(简称 MNC),这是第五代数控系统。第五代与第三代相比,数控装置的功能扩大了 1 倍,而体积则缩小为原来的 1/20,价格降低了 3/4,可靠性也得到极大的提高。80 年代初,随着计算机软、硬件技术的发展,出现了能进行人机对话式自动编制程序的数控装置;数控装置愈趋小型化,可以直接安装在机床上;数控机床的自动化程度进一步提高,具有自动监控刀具破损和自动检测工件等功能。90 年代,数控机床得到了普遍应用,数控机床技术有了进一步发展,柔性单元、柔性系统、自动化工厂开始应用,标志着数控机床产业化进入成熟阶段。

1.1.2 数控机床的组成

数控机床就是采用了数控技术的机床,或者说是装备了数控系统的机床,是集机械、电气、液压、气动、微电子和信息等多项技术为一体的机电一体化产品,具有高精度、高效率、高自动化和高柔性化等优点。数控机床的技术水平高低,及其在制造设备中的数量与所占比例,是衡量一个国家国民经济发展和工业制造整体水平的重要标志之一。

数字控制技术(Numerical Control,NC)是一种自动控制技术,是用数字化信号对机床的运动及其加工过程进行控制的方法。

数控技术是综合了计算机、自动控制、电气传动、测量、监控、机械制造等技术学科领域最新成果而形成的一门边缘科学技术,是 FMS,CIMS,FA 的基础技术之一,是现代机械制造业的一项高新技术。

数控机床通常由以下 5 部分组成:数控装置、伺服驱动装置、机床本体、检测反馈装置和辅助控制装置,如图 1-1 所示。

1.数控装置

数控装置是控制数控机床运动的中枢,其作用是接收输入介质的信息,将其代码加以识别、储存、运算,并输出相应的指令脉冲以驱动伺服系统,对机床的各运动坐标进行速度和位置控制,进而控制机床进行规定的动作和顺序运动。

2.伺服驱动装置

伺服驱动装置是数控系统的执行部分,它包括控制器(含功率放大器)和执行机构两大部分。伺服系统由伺服电机和伺服驱动装置组成,数控装置发出的速度和位移指令控制执行部件按进给速度和进给方向位移,伺服驱动装置接收来自数控装置的指令信息,经功率放大后,严格按照指令信息的要求驱动机床的移动部件,以加工出符合图样要求的零件。

目前,数控机床大都采用直流或交流伺服电动机作为执行机构。数控机床每个进给运动的执行部件都配备一套伺服系统。

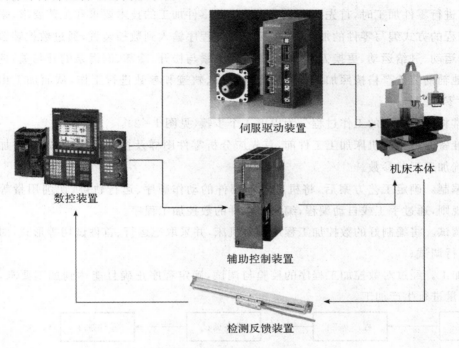

图 1-1　数控机床的组成

3. 机床本体

数控机床的机床本体由主轴传动装置、进给传动装置、床身、工作台以及辅助装置、液压气动系统、润滑系统、冷却装置等组成。

与传统机床相比,数控机床的结构强度、刚度和抗振性以及外部造型、整体布局,传动系统等已发生了很大的变化,其目的是为了更大限度地满足数控设备的功能要求和充分发挥数控机床的效能。

4. 检测反馈装置

检测反馈装置的作用是检测机床运动部件各坐标轴的实际位移量,将其经反馈系统输入到机床的数控装置中,再由数控装置将反馈回来的实际位移量值与设定值进行比较,通过伺服驱动装置控制机床按指令设定值运动。

5. 辅助控制装置

辅助控制装置的主要作用是接收数控装置输出的开关量指令信号,经过编译、逻辑判别和运算,再经功率放大后驱动相应的电器,带动机床的机械、液压、气动等辅助装置完成指令规定的开关量动作。这些控制包括主轴运动部件的变速、换向和启停,刀具的选择和交换,冷却、润滑装置的启停,工件和机床部件的松开、夹紧,分度工作台转位分度等开关辅助动作。

现广泛采用可编程控制器(PLC)作数控机床的辅助控制装置。

1.1.3 数控机床的工作原理

1. 数控机床工作过程

数控机床进行零件加工时,首先应由工艺人员按照零件加工的技术要求和工艺要求,采用手工或自动编程的方式编写零件的加工程序,再将加工程序输入到数控装置,通过数控装置控制机床的主轴运动、进给运动、更换刀具,以及工件的夹紧与松开,冷却、润滑泵的开与关,使刀具、工件和其他辅助装置严格按照加工程序规定的顺序、轨迹和参数进行工作,从而加工出符合图纸要求的零件。

因此,通常将数控机床的工作过程分为以下4个步骤(见图1-2):

(1)加工准备。在数控机床加工工件前,首先应分析零件图样及技术要求,拟定零件加工工艺方案,明确加工工艺参数。

(2)程序编制。确定工艺方案后,将机床运动部件的动作顺序、运行轨迹、切削用量等要素,按照编程规则,通过手工或自动编程,编制出零件的数控加工程序。

(3)程序调试。将编制好的数控加工程序输入机床,并采取空运行、首件试切等形式,对数控加工程序进行调试。

(4)零件加工。经过对数控加工程序的校验与调试,确定程序正确且能达到加工要求,即可按照所需批量进行生产加工。

图1-2 数控机床工作过程

2. 数控机床的工作原理

数控机床运行时,首先应按照零件图样、加工轨迹、切削用量等要素编写数控加工程序,并将其输入数控装置。需要加工时,数控装置从内部存储器中取出或接受输入装置送来的一段或几段数控加工程序,经过译码、运算和逻辑处理后,输出各种控制信息和指令,控制机床各部分的工作,使其进行规定的有序运动和动作。

数控机床加工中,为保证运动部件按照零件轮廓运行,并保障加工精度,运动部件的运动以机床的最小位移量为单位进行控制。

由于零件的轮廓图形由直线、圆弧或其他非圆弧曲线组成,编写零件加工程序时只需按照各线段轨迹的起点和终点等节点数据进行程序编制。由于现代数控设备的最小位移量通常为0.01~0.001mm,而轨迹相对较长,这样若只控制起、终点的位置不能满足控制要求。因此运行中在线段的起点和终点坐标值之间进行“数据点的密化”,即轨迹插补,求出一系列中间点的坐标值,并向相应坐标输出脉冲信号,控制各坐标轴(即进给运动各执行部件)的进给速度、进给方向和进给位移量等。插补过程如图1-3所示。

数控机床执行数控加工程序,需要以下几个步骤。

（1）将编制好的数控加工程序输入机床；

（2）数控装置逐段对数控加工程序进行译码、插补前预处理及插补运算后，输出指令信号；

（3）伺服系统对数控装置发出的指令信号进行转换与放大，驱动机床的运动部件运动；

（4）检测反馈装置检测运动部件的位移量并将其反馈给数控装置；

（5）数控装置对位移检测值与指令值进行比较，将差值与下一次插补的计算结果进行累加后输出。

（6）数控装置循环执行（2）～（4）步的过程，直到程序结束。

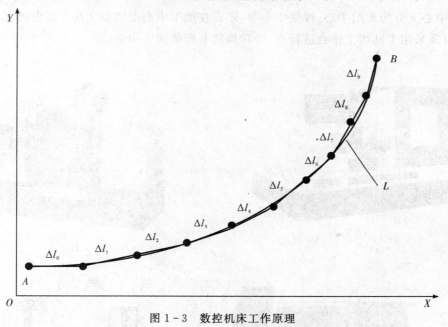

图1-3　数控机床工作原理

1.2　数控机床的分类及加工对象

【考试知识点】

（1）数控机床的分类方式；

（2）数控机床按工艺用途分的种类；

（3）数控机床的特点；

（4）数控机床的适宜加工对象。

1.2.1　数控机床的分类

随着制造要求的提高，大部分机床都出现了相应的数控设备，并且还出现了一些特殊类型的数控设备，据统计，目前数控机床的品种规格已有 500 多种。数控机床通常从以下不同角度进行分类。

1.**按工艺用途分类**

按数控机床的工艺用途不同,可分为金属切削类数控机床、金属成形类数控机床、特种加工类数控机床与非加工类数控设备4类。

(1)金属切削类数控机床。金属切削类数控机床包括数控车床、铣床、钻床、磨床、齿轮加工机、加工中心等,如图1-4所示。这些机床的工艺范围与传统机床相差不多,但机床的动作与运动都是数字化控制,具有较高的生产率和自动化程度,适用于单件、小批量与多品种的零件加工。特别是加工中心,它是一种带有自动换刀装置,能进行铣、钻、镗削加工的复合型数控机床。

加工中心又分为车削中心、镗铣中心等,还有在加工中心上增加交换工作台的双工作台加工中心,以及采用主轴或工作台进行立、卧转换的五面体加工中心。

(a)　　　　　　　　　　　　　　　　　　(b)

(c)　　　　　　　　　　　　　　　　　　(d)

(e)　　　　　　　　　　　　　　　　　　(f)

图1-4　金属切削类数控机床

(a)数控车床;　(b)数控铣床;　(c)车削中心;　(d)加工中心;　(e)双工作台加工中心;　(f)五面体加工中心

（2）金属成形类数控机床。金属成形类数控机床指采用挤、压、冲、拉等成形工艺的数控机床，常用的有数控弯管机、数控压力机、数控冲剪机、数控折弯机、数控旋压机等，如图1-5所示。

（a） （b）

图1-5 金属成形类数控机床
（a）数控弯管机； （b）数控折弯机

（3）特种加工类数控机床。特种加工类数控机床主要有数控电火花线切割机、数控电火花成形机、数控激光与火焰切割机等，如图1-6所示。

（a） （b）

图1-6 特种加工类数控机床
（a）数控电火花线切割机； （b）数控电火花成形机

（4）非加工类数控设备。非加工类数控设备主要有数控绘图机、数控坐标测量机、数控对刀仪、工业机器人等，如图1-7所示。

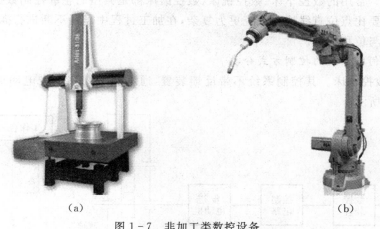

（a） （b）

图1-7 非加工类数控设备
（a）数控三坐标测量机； （b）工业机器人

2.按运动轨迹控制方式分类

(1)点位控制数控机床。如图1-8(a)所示,点位控制数控机床只能控制机床移动部件实现由一个位置到另一个位置的精确定位,在移动和定位过程中不进行任何加工。

点位控制系统精确地控制刀具相对工件从一个坐标点移动到另一个坐标点,移动过程中不进行任何切削加工,因此点与点之间的移动轨迹、速度和路线决定了生产率的高低。为了提高加工效率,保证定位精度,系统采用"快速趋近,减速定位"的方法实现控制。这类数控机床有数控坐标镗床、数控钻床、数控冲床、数控点焊机等。

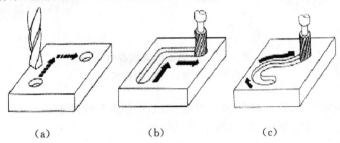

(a)   (b)   (c)

图1-8 控运动轨迹控制方式分类

(a)点位控制; (b)点位直线控制; (c)轮廓控制

(2)点位直线控制数控机床。如图1-8(b)所示,点位直线控制数控机床不仅能控制机床移动部件实现由一个位置到另一个位置的精确移动定位,而且能控制工作台以一定的速度沿平行坐标轴方向进行直线切削加工。

直线控制系统不仅要求具有准确的定位功能,还要控制两点之间刀具移动的轨迹是一条直线,而且在移动过程中刀具能以给定的进给速度进行切削加工。

直线控制系统的刀具运动轨迹一般是平行于各坐标轴的直线;如果同时驱动两套运动部件,其合成运动的轨迹,按照两运动方向的速度比,形成与坐标轴成一定夹角的斜线。这类数控机床有某些数控车床、数控镗铣床等。

(3)轮廓控制数控机床。如图1-8(c)所示,轮廓控制数控机床不仅可完成点位及点位直线控制数控机床的加工功能,而且能够对两个或两个以上坐标轴进行插补,因而具有各种轮廓切削加工功能。常用的数控车床、数控铣床、数控磨床都是典型的轮廓控制数控机床。轮廓控制系统的结构要比点位直线控制系统更为复杂,在加工过程中需要不断进行插补运算,然后进行相应的速度与位移控制。

3.按进给伺服系统的控制方式分类

(1)开环数控机床。其控制系统不带反馈装置,通常使用功率步进电动机为伺服执行机构,如图1-9所示。

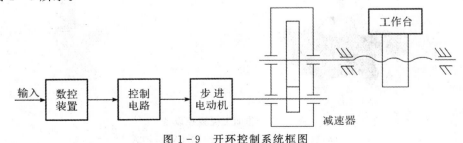

图1-9 开环控制系统框图

在开环控制系统中,CNC 装置输出的指令脉冲经驱动电路进行功率放大,控制步进电机转动,再经机床传动机构带动工作台移动。

这类系统结构简单、价格低廉,调试和维修都比较方便,但无位置闭环控制,不能进行误差校正,步进电动机的失步、步距角误差、齿轮与丝杠等传动误差都将影响被加工零件的精度,因而精度较差。开环控制系统精度主要取决于步进电机及传动机构的精度,因此仅适用于加工精度要求不很高的中小型数控机床,特别是经济型数控机床。

(2)半闭环控制数控机床。半闭环控制数控机床的特点是在伺服电动机的轴或数控机床的传动丝杠上装有角度检测装置(如光电编码器等),通过检测丝杠的转角间接地检测移动部件的实际位移,然后反馈到数控装置中去,并与 CNC 装置的指令值进行比较,用差值进行控制,对误差进行修正。如图 1-10 所示,半闭环控制系统以交、直流伺服电机作为驱动元件,由位置比较、速度控制、伺服电机等组成。

半闭环数控系统的调试比较方便,并且具有很好的稳定性。目前大多将角度检测装置和伺服电动机设计成一体,使结构更加紧凑。这类控制可以获得比开环系统更高的精度,调试比较方便,因而得到广泛应用。

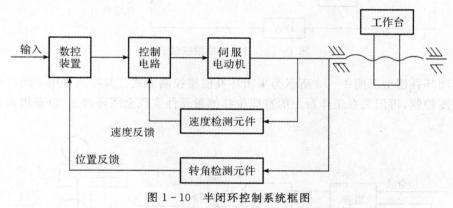

图 1-10 半闭环控制系统框图

(3)闭环控制数控机床。闭环控制数控机床的特点是在机床移动部件上直接安装直线位移检测装置,将测量的实际位移值反馈到数控装置中,与输入 CNC 装置的指令位移值进行比较,用差值对机床进行控制,使移动部件产生相应的运动,其控制框图如图 1-11 所示。

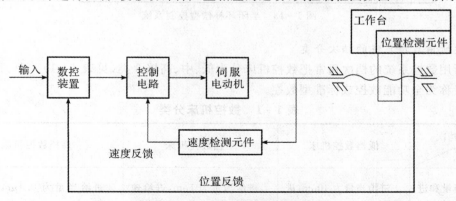

图 1-11 闭环控制系统框图

闭环控制系统以交直流伺服电机作为驱动元件,用于精度要求高的数控机床,如数控精密镗铣床。

(4)混合控制数控机床。将以上 3 类数控机床的特点结合起来,就形成了混合控制数控机床。混合控制系统特别适用于大型或重型数控机床。

混合控制系统又分为以下两种形式。

1)开环补偿型。图 1 - 12 所示为开环补偿型控制方式。其特点是基本控制选用步进电动机的开环伺服机构,另外附加一个校正电路。通过装在工作台上的直线位移测量元件的反馈信号校正机械系统的误差。

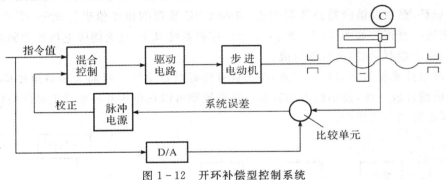

图 1 - 12　开环补偿型控制系统

2)半闭环补偿型。图 1 - 13 所示为半闭环补偿型控制方式。其特点是用半闭环控制方式取得高速度控制,再用装在工作台上的直线位移测量元件实现全闭环修正,以获得高速度与高精度的统一。

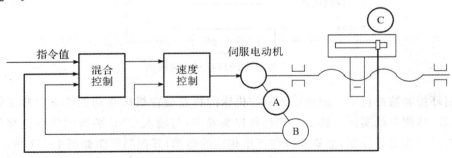

图 1 - 13　半闭环补偿型控制系统

4.按所用数控系统的档次分类

按所用数控系统的档次通常把数控机床分为低、中、高档 3 类(见表 1 - 1)。中、高档数控机床一般称为全功能数控或标准型数控。

表 1 - 1　数控机床分类

功能\档次	低档数控机床	中档数控机床	高档数控机床
进给当量和进给速度	进给当量为 $10\mu m$,进给速度在 $8\sim15m/min$	进给当量为 $1\mu m$,进给速度为 $15\sim24m/min$	进给当量为 $0.1\mu m$,进给速度为 $15\sim100m/min$

续 表

功能＼档次	低档数控机床	中档数控机床	高档数控机床
伺服进给系统	开环、步进电动机	半闭环直流伺服系统或交流伺服系统	闭环伺服系统、电机主轴、直线电机
联动轴数	2～3 轴	3～4 轴	3 轴以上
通信功能	无	RS232 或 DNC 接口	RS232，RS485，DNC，MAP 接口
显示功能	数码管显示或简单的 CRT 字符显示	功能较齐全的 CRT 显示或液晶显示	功能齐全的 CRT（三维动态图形显示）
内装 PLC	无	有	有强功能的 PLC，有轴控制的扩展功能
主 CPU	8 位 CPU 或 16 位 CPU	由 16 位向 32 位过渡	32 位 CPU 向 64 位 CPU 发展

5.按可联动的坐标轴分类

数控机床的联动数是指机床数控装置的坐标轴同时达到空间某一点的坐标数目。目前有两轴联动（数控车床、数控线切割机床）、两轴半联动（数控铣床）、三轴联动（数控铣床）、四轴联动、五轴联动（加工中心）。

（1）两轴联动。如图 1－14 所示，这种方式主要用于数控车床加工旋转曲面或数控铣床加工曲线柱面。

（2）两轴半联动。这种方式主要用于三轴以上机床的控制，其中两根轴可以联动，而另外一根轴可以作周期性进给。图 1－15 所示为采用这种方式用行切法加工三维空间曲面。

（3）三轴联动。一般分为两类，一类就是 X,Y,Z 3 个直线坐标轴联动，比较多地用于数控铣床、加工中心等，如图 1－16 所示用球头铣刀铣切三维空间曲面。另一类是除了同时控制 X,Y,Z 中两个直线坐标外，还同时控制围绕其中某一直线坐标轴旋转的旋转坐标轴。如车削加工中心，它除了纵向（Z 轴）、横向（X 轴）两个直线坐标轴联动外，还需同时控制围绕 Z 轴旋转的主轴（C 轴）联动。

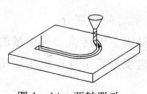

图 1－14　两轴联动

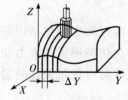

图 1－15　两轴半联动

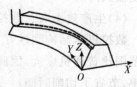

图 1－16　三轴联动

（4）四轴联动。同时控制 X,Y,Z 3 个直线坐标轴与某一旋转坐标轴联动，图 1－17 所示为同时控制 X,Y,Z 3 个直线坐标轴与一个工作台回转轴联动的数控机床。

（5）五轴联动。除同时控制 X,Y,Z 3 个直线坐标轴联动外，还同时控制围绕着这些直线坐标轴旋转 A,B,C 地坐标轴中的两个坐标轴，形成同时控制的 5 个轴联动，这时刀具可以被定在空间的任意方向,如图 1-18 所示。比如控制刀具同时绕 X 轴和 Y 轴两个方向摆动,使得刀具在其切削点上始终保持与被加工的轮廓曲面成法线方向,以保证被加工曲面的光滑性,提高其加工精度和加工效率,减小被加工表面的粗糙度。

图 1-17　四轴控制

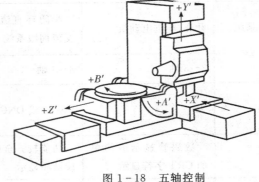

图 1-18　五轴控制

1.2.2　数控机床的特点及加工对象

1. 数控机床的加工特点

(1)加工精度高。目前,数控机床控制的刀具或工作台最小移动量(脉冲当量)普遍达到了 0.001mm,而且进给传动链的反向间隙与丝杠螺距误差等均可由数控系统进行补偿,因此,数控机床能达到很高的加工精度。对于中、小型数控机床,定位精度普遍可达 0.03 mm,重复定位精度为 0.01 mm。此外,数控机床的传动系统与机床结构都具有很高的刚度和热稳定性,制造精度高。数控机床的自动加工方式避免了人为的干扰因素,同一批工件的尺寸一致性好,产品合格率高,加工质量十分稳定。

(2)对加工对象的适应性强。在数控机床上改变加工零件时,只需重新编制(更换)程序,输入新的程序后就能实现对新零件的加工,不需要制造、更换许多工具、夹具和检具,更不需要重新调整机床。

(3)自动化程度高,劳动强度低。数控机床加工前经调整好后,输入程序并启动,机床就能自动连续地进行加工,直至加工结束。操作者主要完成程序的输入、编辑,装卸零件,刀具准备,加工状态的观测,零件的检验等工作,正常运行情况下,对加工过程不进行干预,因此劳动强度极大降低。

(4)生产效率高。数控加工所需的时间主要包括切削时间和辅助时间两部分。

数控机床结构刚性好,允许进行大切削用量的强力切削;数控机床主轴转速和进给量的变化范围比普通机床大,因此每一道工序都可选用最佳的切削用量,这就提高了数控机床的切削效率,节省了切削时间。

数控机床的移动部件空行程运动速度快(一般在 15m/min 以上,有些甚至达到 240m/min),工件装夹时间短,对刀、换刀快,更换被加工工件时几乎不需要重新调整机床,节省了工件安装调整时间。数控机床加工质量稳定,一般只作首件检验和工序间关键尺寸的抽样检验,因此节省了停机检验时间。数控机床加工工件一般不需制作专用工装夹具,节省了工艺装备的设计、制造等准备工作的时间。

由上述而知,数控机床的辅助时间比一般机床少,生产率高。在数控加工中心上加工时,一台机床实现了多道工序的连续加工,生产效率的提高更为明显。与普通机床相比,数控机床的生产效率可提高 2～3 倍,有些可提高数 10 倍。

(5)良好的经济效益。数控机床虽然设备昂贵,加工时分摊到每个工件上的设备折旧费较高,但在单件、小批量生产情况下,使用数控机床加工,可省略划线工序,减少调整、加工和检验时间,节省直接生产费用;同时还节省了工艺装备费用;数控机床加工精度稳定,减少了废品率,使生产成本进一步下降。此外,数控机床可实现一机多用,节省厂房面积。节省建厂投资。因此,使用数控机床可获得良好的经济效益。

(6)有利于现代化管理。数控机床的加工,可预先精确估计加工时间,所使用的刀具、夹具可进行规范化、现代化管理。并且,数控机床使用数字信号与标准代码为控制信息,易于实现加工信息的标准化。目前,数控机床已与计算机辅助设计与制造(CAD/CAM)有机地结合起来,成为现代集成制造技术的基础。

2. 数控机床的加工对象

根据数控加工的优缺点及国内外大量应用实践,一般可按适应程度将零件分为以下 3 类。

(1)最适应类。对于下述零件,首先应考虑能不能把它们加工出来,即要着重考虑可能性问题。只要有可能,往往将对其进行数控加工作为优选方案。

1)形状复杂:加工精度要求高,用通用机床无法加工或虽然能加工但很难保证产品质量的零件;

2)用数学模型描述的复杂曲线或曲面轮廓零件;

3)具有难测量、难控制进给、难控制尺寸的不开敞内腔的壳体或盒形零件;

4)必须在一次装夹中合并完成铣、镗、锪、铰或攻丝等多工序的零件。

(2)较适应类。这类零件在分析其可加工性以后,还要在提高生产率及经济效益方面作全面衡量,一般可把它们作为数控加工的主要选择对象。

1)在通用机床上加工时极易受人为因素(如情绪波动、体力强弱、技术水平高低等)干扰,零件价值又高,一旦质量失控便造成重大经济损失的零件;

2)在通用机床上加工时必须制造复杂专用工装的零件;

3)需要多次更改设计后才能定型的零件;

4)在通用机床上加工需要作长时间调整的零件;

5)用通用机床加工时,生产率很低或体力劳动强度很大的零件。

(3)不适应类。下述一类零件采用数控加工后,在生产率与经济性方面一般无明显改善,或造成成本的增加,故此类零件一般不应作为数控加工的选择对象。

1)装夹困难或完全靠找正定位来保证加工精度的零件;

2)加工余量很不稳定,且数控机床上无在线检测系统可自动调整零件坐标位置的零件;

3)生产批量大的零件(当然不排除其中个别工序用数控机床加工);

4)必须用特定的工艺装备协调加工的零件。

根据上述数控加工的适应性和所拥有的数控机床,就可以选择加工对象,或根据零件类型来考虑哪些应该先安排数控加工,或从技术改造角度考虑,是否要投资添置数控机床。

1.3 数控技术的发展前景

(1)数控技术高速化的含义;
(2)数控技术高精度的实现指标;
(3)柔性制造系统的组成;
(4)CIMS 的工作原理。

1.3.1 数控技术的发展前景

科学技术的发展,世界先进制造技术的兴起和不断成熟,对数控加工技术提出了更高的要求,超高速切削、超精密加工等技术的应用,对数控机床的各个组成部分提出了更高的性能指标。进入 20 世纪 90 年代以来,随着国际上计算机技术突飞猛进的发展,数控技术不断采用计算机、控制理论等领域的最新技术成就,使其朝着高速化、高精度化、多功能化、智能化、系统化与高可靠性等方向发展。

1. 高速、高效

机床向高速化方向发展,不但可大幅度提高加工效率、降低加工成本,而且还可提高零件的表面加工质量和精度。超高速加工技术对制造业实现高效、优质、低成本生产有广泛的适用性。

20 世纪 90 年代以来,欧、美、日各国争相开发应用新一代高速数控机床,加快机床高速化发展步伐。高速主轴单元(电主轴,转速 15 000～100 000r/min)、高速且高加/减速度的进给运动部件(快移速度 60～120m/min、切削进给速度高达 60m/min)、高性能数控和伺服系统以及数控工具系统都出现了新的突破。随着超高速切削机理、超硬耐磨长寿命刀具材料和磨料磨具、大功率高速电主轴、高加/减速度直线电机驱动进给部件以及高性能控制系统(含监控系统)和防护装置等一系列技术领域中关键技术的解决,为开发应用新一代高速数控机床提供了技术基础。

目前,在超高速加工中,车削和铣削的切削速度已达到 8 000m/min 以上;主轴转数在 30 000r/min(有的高达 100 000r/min)以上;工作台的移动速度(进给速度):在分辨率为 $1\mu m$ 时,在 100m/min(有的到 200m/min)以上,在分辨率为 $0.1\mu m$ 时,在 24m/min 以上;自动换刀速度在 1s 以内;小线段插补进给速度达到 12m/min。

2. 高精度

当前,在机械加工高精度的要求下,普通级数控机床的加工精度已由 $\pm10\mu m$ 提高到 $\pm5\mu m$;精密级加工中心的加工精度则从 $\pm3\sim5\mu m$,提高到 $\pm1\sim1.5\mu m$,甚至更高;超精密加工精度进入纳米级($0.001\mu m$),主轴回转精度要求达到 $0.01\sim0.05\mu m$,加工圆度为 $0.1\mu m$,加工表面粗糙度 $Ra=0.003\mu m$ 等。这些机床一般都采用矢量控制的变频驱动电主轴(电机与主轴一体化),主轴径向跳动小于 $2\mu m$,轴向窜动小于 $1\mu m$,轴系不平衡度达到 G0.4 级。

高速高精加工机床的进给驱动,主要有"回转伺服电机加精密高速滚珠丝杠"和"直线电机直接驱动"两种类型。此外,新兴的并联机床也易于实现高速进给。

滚珠丝杠由于工艺成熟,应用广泛,不仅精度较高,而且实现高速化的成本也相对较低。

但由于滚珠丝杠属机械传动，在传动过程中不可避免存在弹性变形、摩擦和反向间隙，相应地造成运动滞后和其他非线性误差，为了排除这些误差对加工精度的影响，1993 年开始在机床上应用直线电机直接驱动，由于是没有中间环节的"零传动"，不仅运动惯量小、系统刚度大、响应快，可以达到很高的速度和加速度，而且其行程长度理论上不受限制，定位精度在高精度位置反馈系统的作用下也易达到较高水平，是高速高精加工机床特别是中、大型机床较理想的驱动方式。目前，使用直线电机的高速高精加工机床，最大快移速度已达 208m/min，加速度 2g。

3. 高可靠性

随着数控机床网络化应用的发展，数控机床的高可靠性已经成为数控系统制造商和数控机床制造商追求的目标。当前国外数控装置的 MTBF(平均无故障工作时间)值已达6 000h以上，驱动装置达 30 000h 以上。

4. 复合化

在零件加工过程中有大量的无用时间消耗在工件搬运、上下料、安装调整、换刀和主轴的升、降速上，为了尽可能降低这些无用时间，人们希望将不同的加工功能整合在同一台机床上，因此，复合功能的机床成为近年来发展很快的机种。柔性制造范畴的机床复合加工概念是指将工件一次装夹后，机床便能按照数控加工程序，自动进行同一类工艺方法或不同类工艺方法的多工序加工，以完成一个复杂形状零件的主要乃至全部车、铣、钻、镗、磨、攻丝、铰孔和扩孔等多种加工工序。机床复合加工能提高加工精度和加工效率，节省占地面积特别是能缩短零件的加工周期。

5. 多轴化

随着 5 轴联动数控系统和编程软件的普及，5 轴联动控制的加工中心和数控铣床已经成为当前的一个开发热点。由于在加工自由曲面时，5 轴联动控制对球头铣刀的数控编程比较简单，并且能使球头铣刀在铣削 3 维曲面的过程中始终保持合理的切速，从而显著改善加工表面的粗糙度和大幅度提高加工效率。5 轴联动机床以其无可替代的性能优势已经成为各大机床厂家积极开发和竞争的焦点。

6. 智能化

智能化是 21 世纪制造技术发展的一个大方向。智能加工是一种基于神经网络控制、模糊控制、数字化网络技术和理论的加工，它是要在加工过程中模拟人类专家的智能活动，以解决加工过程许多不确定性的、要由人工干预才能解决的问题。智能化的内容包括在数控系统中的各个方面：为追求加工效率和加工质量的智能化，如自适应控制，工艺参数自动生成；为提高驱动性能及使用连接方便的智能化，如前馈控制、电机参数的自适应运算、自动识别负载自动选定模型、自整定等；简化编程简化操作的智能化，如智能化的自动编程，智能化的人机界面等；智能诊断、智能监控，方便系统的诊断及维修等。

7. 网络化

数控机床的网络化，主要指机床通过所配装的数控系统与外部的其他控制系统或上位计算机进行网络连接和网络控制。数控机床一般首先面向生产现场和企业内部的局域网，然后再经由因特网通向企业外部，这就是 Internet/Intranet 技术。

随着网络技术的成熟和发展，最近业界又提出了数字制造的概念。数字制造，又称"e-制造"，是机械制造企业现代化的标志之一，也是国际先进机床制造商当今标准配置的供货方式。随着信息化技术的大量采用，越来越多的国内用户在进口数控机床时要求具有远程通信服务等功能。机械制造企业在普遍采用 CAD/CAM 的基础上,更加广泛地使用数控加工设备。数控应用软件日趋丰富和"人性化",虚拟设计、虚拟制造等高端技术也越来越多地为工程技术人员所追求。通过软件智能替代复杂的硬件,正在成为当代机床发展的重要趋势。在数字制造的目标下,通过流程再造和信息化改造,ERP 等一批先进企业管理软件已经脱颖而出,为企业创造出更高的经济效益。

8. 柔性化

数控机床向柔性自动化系统发展的趋势:从点(数控单机、加工中心和数控复合加工机床)、线(FMC,FMS,FTL,FML)向面(工段车间独立制造岛、FA)、体(CIMS、分布式网络集成制造系统)的方向发展,另一方面向注重应用性和经济性方向发展。柔性自动化技术是制造业适应动态市场需求及产品迅速更新的主要手段,是各国制造业发展的主流趋势,是先进制造领域的基础技术。其重点是以提高系统的可靠性、实用化为前提,以易于联网和集成为目标;注重加强单元技术的开拓、完善;CNC 单机向高精度、高速度和高柔性方向发展;数控机床及其构成柔性制造系统能方便地与 CAD,CAM,CAPP,MTS 连接,向信息集成方向发展;网络系统向开放、集成和智能化方向发展。

9. 绿色化

21 世纪的机床必须把环保和节能放在重要位置,即要实现切削加工工艺的绿色化。目前这一绿色加工工艺主要集中在不使用或少使用切削液的"干切削"上,这主要是因为切削液既污染环境和危害工人健康,又增加资源和能源的消耗。干切削一般是在大气氛围中进行,但也包括在特殊气体氛围中(氮气中、冷风中)或采用干式静电冷却技术,不使用切削液进行的切削。不过,对于某些加工方式和工件组合,完全不使用切削液的干切削目前尚难以实际应用,故又出现了使用极微量润滑(MQL)的准干切削。目前在欧洲的大批量机械加工中,已有 10%~15% 的加工使用了干和准干切削。对于面向多种加工方法/工件组合的加工中心之类的机床来说,主要是采用准干切削,通常是让极微量的切削油与压缩空气的混合物经由机床主轴与工具内的中空通道喷向切削区。在各类机床中,采用干切削最多的是滚齿机。

1.3.2 机械制造系统的发展

在现代生产中,为了满足多品种、小批量、产品更新换代周期快的要求,原来以单功能机床为主体组成的生产线,已不能适应机械制造业日益提高的要求,因而具有多功能和一定柔性的设备和生产系统相继出现,促使数控技术向更高层次发展。现代生产系统主要有柔性制造系统 FMS 和计算机集成制造系统 CIMS。

1. 柔性制造系统(FMS)

柔性制造系统是一个由中央计算机控制的自动化制造系统(见图 1-19)。它实质上是由一个传输系统联系起来的一些设备(通常是具有换刀装置的数控机床或加工中心)。传输装置把工件放在托盘或其他连接装置上送到各加工设备,使工件加工准确、迅速和自动化。

采用柔性制造系统后,可显著提高劳动生产率,大大缩短制造周期和提高机床利用率,减少操作人员数量,压缩在制品数量和库存量,因而使成本大为降低,缩小了生产场地和提高了技术经济效益。柔性制造系统适合于年产量 1000~100 000 件之间的中小批量生产。

柔性制造系统(FMS)由加工系统、物料输送系统、运行控制子系统、刀具子系统与质量检测及监控子系统组成。

图 1-19 柔性制造系统

（1）加工系统。目前金属切削 FMS 的加工对象主要有两类工件：棱柱体类（包括箱体形、平板形）和回转体类（长轴形、盘套形）。对加工系统而言，通常用于加工棱柱体类工件的 FMS 由立、卧式加工中心，数控组合机床（数控专用机床、可换主轴箱机床、模块化多动力头数控机床等）和托盘交换器等构成；用于加工回转体类工件的 FMS 由数控车床、车削中心、数控组合机床和上下料机械手或机器人及棒料输送装置等构成。

小型 FMS 的加工系统多由 4～6 台机床构成，中型 FMS 的加工设备通常由 5～10 台数控机床和加工中心（有的还带有工件清洗、在线检测等辅助与检测设备）组成。它们都带有能存储 20 把刀具以上的刀具库，并具有自动换刀装置。工件一次装夹后能连续地完成钻、镗、铣、铰、锪等多种工序加工。如果用多台加工中心组成柔性制造系统，便可以任意顺序自动完成多种工件的多工位加工。

系统中的加工设备在工件、刀具和控制三方面都具有可与其他子系统相连接的标准接口。

（2）物料输送系统。物料输送系统，指由多种运料输送装置构成，如传送带、轨道—转盘以及机械手等，完成工件、刀具等的供给与传送的系统，它是柔性制造系统主要的组成部分。

物料自动搬运可以选用无人运输小车、搬运机器人或传送带等。无人运输小车可以有轨，也可以无轨，如图 1-20 所示。搬运机器人可自动进行上、下料操作，对以车削中心组成的 FMS 常常由悬挂式机械手作为物料搬运工具，如图 1-21 所示。

图 1-20 无人运输小车

图 1-21 悬挂式机械手

机床与搬运系统的相互关系可分为直线型、循环型、网络型和单元型。加工工件品种少、柔性要求小的制造系统多采用直线布局，虽然加工顺序不能改变，但管理容易；单元型具有较大柔性,易于扩展,但调度作业的程序设计比较复杂。

1)输送设备。输送设备有输送带、有轨输送车、无轨输送车、堆装起重机、行走机器人、托盘等。对于较大的工件常利用托盘自动交换装置(简称 APC)来传送,也可采用在轨道上行走的机器人,同时完成工件的传送和装卸。磨损了的刀具可以逐个从刀库中取出更换,也可由备用的子刀库取代装满待换刀具的刀库。车床卡盘的卡爪、特种夹具和专用加工中心的主轴箱也可以自动更换。

2)输送系统结构。一般情况下,单元内部传输使用机器人,单元间运输则采用输送带。

(3)运行控制子系统。运行控制子系统接收来自工厂或车间主计算机的指令并对整个 FMS 实行监控,实现单元层对上级(车间或其他)及下层(工作站层)的内部通信传递,对每一个标准的数控机床或制造单元的加工实行控制,对夹具及刀具等实行集中管理和控制,协调各控制装置之间的动作。另外,该子系统还要实现单元层信息流故障诊断与处理,实时动态监控系统状态变化。

(4)刀具子系统。刀具子系统涉及刀具的订购、计划、准备、存储及管理。包括刀具室存储装置、对刀仪、刀具搬运装置、刀具组装装置及刀具控制管理计算机子系统等。

(5)质量检测及监控子系统。质量检测及监控子系统实现在线和离线质量检测和监控。一般包括 3 座标测量机、测量机器人等。

2. 计算机集成制造系统(CIMS)

随着计算机辅助设计与制造的发展,在信息技术自动化技术与制造的基础上,通过计算机技术把分散在产品设计制造过程中各种孤立的自动化子系统有机地集成起来,形成了适用于多品种、小批量生产,实现整体效益的集成化和智能化制造系统,即计算机集成制造系统(CIMS)。其主要目的在于将技术上的各个单项信息处理和制造企业管理信息系统(如 MRP－Ⅱ等)集成在一起,将产品生命周期中所有的有关功能,包括设计、制造、管理、市场等的信息处理全部予以集成。其关键是建立统一的全局产品数据模型和数据管理及共享的机制,以保证正确的信息在正确的时刻以正确的方式传到所需的地方。

计算机集成制造系统的核心内容:利用计算机硬件、网络和数据库技术,将企业的经营、管理、计划、产品设计、加工制造、销售及服务等部门和人、财、物集成起来,以便能够高效率、高质量、高柔性地管理企业,提高企业的竞争力。它着重解决产品设计和经营管理中的系统信息集成,将信息技术、管理技术和制造技术相结合,缩短了产品开发、设计和制造周期,更好地适应了市场需求多样化的时代特征。

(1)CIMS 系统的组成。CIMS 系统由以下 4 个分系统组成(见图 1－22)。

1)管理信息分系统(MIS):支持生产计划和控制、销售、采购、仓储、财会等功能,用以处理生产任务方面的信息。

2)技术信息分系统(TIS):产品设计与制造工程设计自动化系统(CAD)、计算机辅助工艺规程编制(CAPP)等子系统,用以支持产品的设计和工艺准备等功能,处理有关产品结构方面的信息。

3)制造自动化分系统(MAS):如各种不同自动化程度的制造系统,如 NC 机床、柔性制造系统(FMS)以及其他制造单元,用来实现信息对物流的控制和完成物流的转换。它是信息流和物流的结合部,用来支持企业的制造功能。

4)计算机质量保证分系统(CAQ):用来支持生产过程的质量管理和质量保证功能,不仅处理管理信息(如废品率),也处理技术信息(如测量产品性能等)。

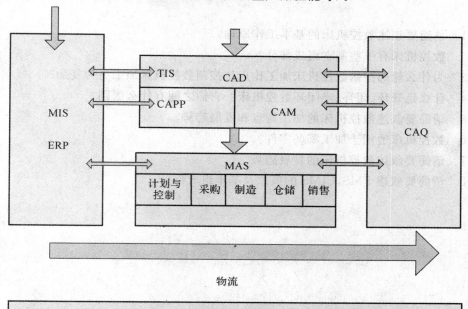

图 1 - 22　CIMS 系统组成

(2)CIMS 的分类。从生产工艺方面分,CIMS 可大致分为三类:

1) 离散型制造业 CIMS。这个行业的特点是加工生产过程不是连续的,而实现先加工单个零件,然后再将单个零件进行组装,装配成半成品或成品,如机床、汽车、电子设备的生产企业等。

2)连续性制造业 CIMS。这个行业的特点是原材料加工装置连续不断地进行规定的物理化学变化而最终得到符合需要的产品,如水泥生产、化学化工、石化行业等。

3)混合型制造业 CIMS。这个行业的特点是生产过程中既有离散型生产环节,又有连续性生产环节。如钢铁企业炼铁、炼钢厂的炼钢、轧钢厂轧钢等各个生产过程都属于连续性的过程,但各个厂的钢水、铁水、钢锭、钢板的加工又是离散型过程。

(3)CIMS 的功能。

1)经营管理功能。使企业的经营决策科学化。

2)工程设计自动化。采用 CAD/CAPP/CAM 提高产品的研制和生产能力。

3)加工制造自动化。采用 FMC,FMS 等先进技术,提高制造质量,增加制造的柔性。

4)质量保证。管理和保证生产过程的质量,降低废品率,提高产品性能。

总之,数控机床技术的进步和发展为现代制造业的发展提供了良好的条件,促使制造业向着高效、优质以及人性化的方向发展。随着数控机床技术的发展和数控机床的广泛应用,制造业将迎来一次足以撼动传统制造业模式的深刻革命。

思考题与习题

1—1　请简要叙述数控机床的基本工作原理。

1—2　数控机床有哪些基本组成部分？

1—3　为什么轮廓控制数控机床加工比点位控制数控机床加工更为复杂？

1—4　什么是开环、闭环、半闭环数控机床？它们之间有什么区别？

1—5　请简要叙述数控机床的加工特点和发展趋势。

1—6　数控机床适用于加工哪些零件？

1—7　请简要叙述数控机床的发展趋势。

1—8　请简要叙述 FMS，CIMS 的概念及基本组成部分。

第 2 章　数控机床编程基础

【知识要点】
(1)数控程序的编制方法；
(2)数控机床的坐标系；
(3)常用指令代码；
(4)数控程序的格式。

2.1　数控编程的基本概念

【考试知识点】
(1)数控编程的分类；
(2)数控编程的内容与步骤；
(3)数控编程的方法。

2.1.1　数控编程分类

在数控机床上加工零件时,需要将加工零件时的全部工艺过程和工艺参数,用规定的代码以规定的格式和要求编写成加工程序。将从零件图的分析到获得符合要求的数控加工程序的全部过程称为数控编程。

数控程序的编制分为手工编程和自动编程两大类。

程序的编写过程(包含工艺处理、数学处理等过程)全部由人工来完成的称为手工编程。这要求编程人员不仅熟悉机床数控系统的代码和格式,还必须具备机械加工的工艺知识和一定的数学分析、计算能力。

自动编程时,编程人员需要依据零件图在编程软件中进行合适的后置处理,由软件自动生成数控程序。编程人员需要具备一定的机械加工工艺知识,还要具备一定的手工编程能力,对自动生成的数控程序进行修改与编辑。

一般来说,手工编程适合于形状简单、程序比较简短的零件的加工。而对于形状复杂,特别是由各种曲面构成的零件,用手工编程很困难或者根本无法进行。

2.1.2　程序编制的内容和步骤

数控加工程序的编制可分为工艺处理、数学处理、程序编制 3 个阶段。

1.工艺处理阶段

工艺处理阶段的主要工作内容:图样分析和工艺处理。

确定加工工艺过程时,编程人员首先应根据零件图样对工件的形状、尺寸和技术要求等进行分析,然后选择合适的加工方案,确定加工顺序和路线、装夹方式、刀具以及切削参数。为了充分发挥机床的功用,还应该考虑所用机床的指令功能,选择最短的加工路线,选择合适的对刀点和换刀点,以减少换刀次数。

2.数学处理阶段

数控编程中的数学处理主要是根据图样的几何尺寸、确定的工艺路线及设定的坐标系,计算工件粗、精加工的运动轨迹,得到刀位数据。零件图样坐标系与编程坐标系不一致时,需要对坐标进行换算。对形状比较简单的零件的轮廓进行加工时,需要根据零件图给出的形状、尺寸和公差等直接通过数学方法(如三角、几何与解析几何法等)计算出编程时所需的几何元素的起点、终点、圆弧的圆心,及两几何元素的交点或切点的坐标值,有的还需要计算刀具中心运动轨迹的坐标值。对于形状比较复杂的零件,需要用直线段或圆弧段逼近,根据要求的精度计算出各个节点的坐标值。当按照零件图给出的条件还不能直接计算出编程时所需要的所有坐标值,也不能按零件图给出的条件直接进行工件轮廓几何要素的定位来进行自动编程时,就必须根据所采用的具体工艺方法、工艺装备等加工条件,对零件原图形及有关尺寸进行必要的数学处理或改动,才可以进行各点的坐标计算和编程工作。

3.程序编制阶段

此阶段中主要有以下 3 项工作内容:

(1)编制工序单。在工艺处理和数学处理的基础上,应再考虑某些辅助的工艺处理,例如确定准备功能,主轴的正转、反转及停车、变换速度等。这样便可按数控系统输入格式的要求编写出工序单。

(2)编写程序。确定加工路线、工艺参数及刀位数据后,编程人员可以根据数控系统规定的指令代码及程序段格式,逐段编写加工程序单。此外,还应填写有关的工艺文件,如数控刀具卡片、数控刀具明细表和数控加工工序卡片等。随着数控编程技术的发展,现在大部分的机床已经直接采用自动编程。

(3)程序校验与首件试切。程序编制完成后,除了要检查程序有无错误之外,还要检查编程过程中的错误。检验的方法是直接将加工程序输入到数控系统中,让机床空运转,即以笔代刀,以坐标纸代替工件,画出加工路线,以检查机床的运动轨迹是否正确。若数控机床有图形显示功能,可以采用模拟刀具切削过程的方法进行检验。

但这些过程只能检验出运动是否正确,不能检查被加工零件的精度,因此必须进行零件的首件试切。试切时,应该以单程序段的运行方式进行加工,监视加工状况,调整切削参数和状态。经试切检验合格,这个零件的编程工作才算完成,否则仍要返回到编程部门进行修改,直到正确为止。

2.1.3 数控编程方法

数控编程的方法有手工编程和自动编程两种。

1.手工编程

对几何形状较为简单的工件,坐标计算也比较简单,程序又不长,使用手工编程既经济又及时。因此,手工编程在点位直线加工及直线圆弧组成的轮廓加工中仍被广泛应用。对于几何形状复杂,尤其是由空间曲面组成的零件,使用手工编程时数值计算烦琐,所需时间长,且易出错。因此,必须解决程序编制的自动化问题。

手工编程的特点:耗费时间较长,容易出现错误,无法胜任复杂形状零件的编程。据国外资料统计,当采用手工编程时,一段程序的编写时间与其在机床上运行加工的实际时间之比,平均约为 30∶1,而数控机床不能开动的原因中有 20%～30%是由于加工程序编制困难,编程时间较长。

2. 自动编程

自动编程是指在编程过程中,除了分析零件图样和制定工艺方案由人工进行外,其余工作均由计算机辅助完成。采用计算机自动编程时,数学处理、编写程序、检验程序等工作是由计算机自动完成的,计算机可自动绘制出刀具中心运动轨迹,使编程人员可及时检查程序是否正确,需要时可及时修改,以获得正确的程序。由于计算机自动编程代替程序编制人员完成了烦琐的数值计算,可提高编程效率几十倍乃至上百倍,解决了手工编程无法解决的许多复杂零件的编程难题,因而,自动编程的特点就在于编程工作效率高,可解决复杂形状零件的编程难题。

根据输入方式的不同,可将自动编程分为图形数控自动编程、语言数控自动编程和语音数控自动编程等。图形数控自动编程是指将零件的图形信息直接输入计算机,通过自动编程软件的处理,得到数控加工程序。目前,图形数控自动编程是使用最为广泛的自动编程方式。语言数控自动编程指将加工零件的几何尺寸、工艺要求、切削参数及辅助信息等用数控语言编写成源程序后,输入到计算机中,再由计算机进一步处理得到零件加工程序。语音数控自动编程是采用语音识别器,将编程人员发出的加工指令声音转变为加工程序。

自动编程大大减轻了编程人员的劳动强度,提高效率几十倍乃至上百倍,同时解决了手工编程无法解决的许多复杂零件的编程难题。工件表面形状越复杂,工艺过程越烦琐,自动编程的优势越明显。在实际加工中如果将自动编程与手工编程相结合,则可以简化编程,优化程序,有利于程序的修改和重复调用。

2.2　数控机床的坐标系

【考试知识点】

(1)数控机床的坐标系确定原则;

(2)数控机床的机床坐标系、工件坐标系;

(3)数控机床的机械原点、工件原点、参考点。

2.2.1　机床坐标系和方向

在数控机床中,为了实现零件的加工,往往需要控制几个方向的运动,这就需要建立坐标系,以便区别不同运动方向。为了使编出的程序在不同厂家生产的同类机床上有互换性,必须统一规定数控机床的坐标方向。我国的 JB/T3051—1999《数控机床坐标和运动方向的命名》,其中的规定与国际标准 ISO841 中的规定是相同的。

1. 坐标系的确定原则

(1)刀具相对于静止工件而运动的原则。不论机床的结构是工件静止、刀具运动,还是工件运动、刀具静止,在确定坐标系时,永远假定刀具相对于静止的工件坐标系而运动,这一原则使编程人员能在不确定是刀具移近工件还是工件移近刀具的情况下,就可依据零件图样,确定设备的加工过程。

(2)标准坐标系的规定。在数控设备上,机床执行机构的动作是由数控装置来控制的,为了确定机床上的运动方向和移动的距离,所建立的规定坐标轴相对位置关系的坐标系就称为标准坐标系。

标准坐标系是一个右手笛卡儿直角坐标系,如图 2-1 所示。基本直线坐标 X,Y,Z 的关系及其正方向用右手直角定则判定:大拇指代表 X 轴,食指表示 Y 轴,中指为 Z 轴,各指指尖方向为该轴正方向。标准坐标系坐标系的各个坐标轴与设备的主要导轨相平行。

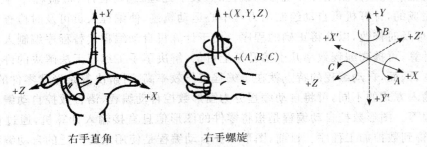

右手直角   右手螺旋

图 2-1 数控机床准坐标系

围绕直线坐标 X,Y,Z 轴的回转运动分别用旋转坐标 A,B,C 表示,其正方向则采用右手螺旋定则判定:以大拇指指尖所指方向为该直线轴的正向,右手抓握成拳后,四指弯曲所指的方向即为对应的旋转轴的正向。

与 $+X,+Y,+Z,+A,+B,+C$ 轴相反的方向,分别用 $+X',+Y',+Z',+A',+B',+C'$ 表示。

(3)运动的正方向。为防止程序输入时,漏输"-"号后,可能发生误动作撞上工件或机床,发生事故,机床坐标系统一规定,以工件和刀具之间距离增大的方向作为各坐标轴运动的正方向。

2.2.2 各坐标轴运动方向的确定

1. Z 坐标轴

Z 坐标轴的方向是由传递切削力的主轴所决定的,与主轴轴线相平行的坐标轴即为 Z 坐标轴。常见数控机床坐标轴如图 2-2、图 2-3 和图 2-4 所示。

对于有多个主轴的机床,选一个垂直于工件装夹平面的主轴为 Z 轴,如龙门轮廓铣床。当机床没有主轴时,如刨床,则规定与工件装夹平面垂直的方向为 Z 轴。对于能摆动的主轴,若在摆动范围内仅有一个坐标轴平行于主轴轴线,则该轴即为 Z 轴;若在摆动范围内有多个坐标轴平行于主轴轴线,则规定其中一个垂直于工件装夹面的坐标轴为 Z 轴。

Z 坐标的正方向为增大工件与刀具之间距离的方向。如在钻、镗加工中,钻入和镗入工件的方向为 Z 坐标的负方向,而退出为正方向。

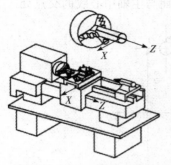 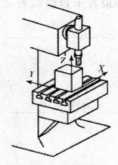 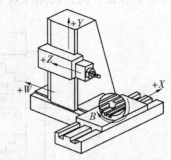

图 2-2　卧式数控车床坐标系　　图 2-3 立式数控铣床坐标系　　图 2-4　卧式数控铣床坐标系

2. X 坐标轴

数控机床 X 坐标轴在水平面上，与工件的主要装夹面平行，且垂直于 Z 坐标轴。

对于工件旋转类的机床（如车床），X 轴方向平行于刀具移动平面的工件径向，且平行于横滑座。刀具离开工件旋转中心方向为正方向。

对于刀具旋转的机床（如铣床、镗床、钻床等），当 Z 轴在水平面上时，从主轴向工件方向看时，X 轴的正方向指向右；Z 轴在垂直平面内时，单立柱机床，从刀具向立柱看时，X 轴的正方向指向右边；双立柱机床（龙门机床），从刀具向左立柱看时，X 轴的正方向指向右边。

3. Y 坐标轴

Y 坐标轴垂直于 X,Z 坐标轴。Y 运动的正方向，可在判定了 X 和 Z 坐标的正方向后，依据右手定则进行判断。

4. 辅助坐标轴

一般称 X,Y,Z 为第一坐标系。如果在 X,Y,Z 坐标以外，还有平行于它们的坐标系称为辅助坐标系，用 U,V,W 表示，如果还有第二辅助坐标系，则用 P,Q,R 表示。

5. 主轴旋转方向与 C 轴旋转方向

主轴正转方向是从主轴尾端向前端（装刀具或工件端）看，顺时针旋转方向为主轴正转方向。

对于普通卧式数控车床，主轴的正旋转方向与 C 轴正方向相同；对于钻、镗、铣、加工中心机床，主轴的正旋转方向为右旋螺纹进入工件的方向，与 C 轴正方向相反。

2.2.3　机床坐标系与工件坐标系

1. 机床坐标系

机床坐标系是数控机床设计、制造、装配、使用的基准，是机床出厂时已设定好的固有的坐标系。它是确定工件坐标系的基准，是确定刀具（刀架）或工件（工作台）位置的参考系，并建立在机床原点上，与机床的位置检测系统相对应，其坐标轴及方向按前述标准确定。机床正常运行时，屏幕显示的"机械坐标"就是刀具在这个坐标系中的坐标值。

机床原点又称为机械原点或机床零点，是机床坐标系的原点，它是数控机床进行加工运动的基准参考点，该点是生产厂家在机床装配、调试时设置在机床上的一个固定点。一般情况下，不允许用户随意变动。

如图 2-5 所示，数控车床机床坐标系的 Z 轴与车床主轴中心线一致，X 轴与 Z 轴垂直且平行于中滑板方向。机床原点 O 一般取在卡盘前端面或后端面与主轴中心线的交点处。

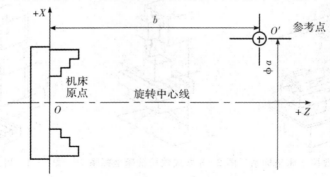

图 2-5　数控车床机床坐标系

数控铣床的机床原点，各机床生产厂家设置不一致，有的设在机床工作台的中心，有的设在各直线轴的正方向极限位置上。

数控机床开机后，首先要执行"回零"操作，所谓回零操作就是使运动部件回到机床的机械零点。机床各轴返回机械零点后，显示器即显示出机床原点在机床坐标系中的坐标值，表明机床坐标系已自动建立。可以说"回零"操作是对基准的重新核定，可消除由于种种原因产生的基准偏差，建立机床坐标系。

但是，从图 2-5 中可以看出，由于数控车床的主轴上要装夹工件，若使车床运动部件（刀架）返回机床零点，则会造成撞刀。因此，数控车床上另外设置有起到机械零点基准作用的参考点。参考点设置在数控车床刀架的正向最大行程处，即 O' 点。数控车床的回零操作实际上就是运动部件返回参考点。

数控立式铣床的参考点设在各轴的正向行程极限点。部分机床的参考点可能与机床原点重合。

2. 工件坐标系

采用机床坐标系进行编程时，每次零件的装夹位置发生变化都需要重新修改程序中各坐标点的位置，工作量大且容易出错。因此，编制程序前，应设定工件坐标系。工件坐标系也称编程坐标系，它以工件或图纸上的某一个点为坐标原点建立起来的。采用工件坐标系时，程序中的各坐标点位置只与工件坐标系原点位置相关，而不必考虑工件毛坯在机床上的实际装夹位置。

工件坐标系的原点称为工件原点，也被称为编程原点。如图 2-6 所示，O' 是工件原点，$O'XZ$ 是工件平面坐标系。

不同的零件或不同的编程人员可以根据习惯或工艺特点而采用不同的工件坐标系。工件坐标系的原点可以选在任何位置，但这会带来很多计算上的麻烦，增加编程困难。

为了编程方便，设置工件坐标系原点主要遵循以下原则：

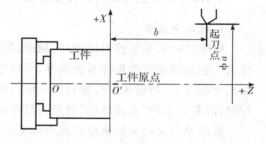

图 2-6　数控车床工件坐标系

（1）尽可能选择在工件的设计基准和工艺基准上。

（2）尽量选择在尺寸精度高、粗糙度值低的工件表面上。

（3）对称零件应选择在工件对称中心处，非对称零件应选在轮廓的基准角上。

（4）Z 轴方向的零点一般设在工件表面上。

数控车床编程时，工件原点一般设在工件右端面的中心处。数控铣床和加工中心编程时，工件原点常设在工件的上表面中心或工件上表面的角点等设计基准位置。

工件坐标系的坐标轴方向与机床坐标系的坐标轴方向保持一致。

3. 机床坐标系与工件坐标系的关系

加工时，工件随夹具在机床上安装后，测量加工原点与机床原点之间的距离，这个过程称为"对刀"，这个距离称为加工零点偏置。该偏置值需要预存到数控系统中。加工时，通过运行调用零点偏置指令，使工件原点偏置值自动附加到加工坐标系上，使数控系统按机床坐标系确定加工时的坐标值工作。因此，编程人员可以不考虑工件在机床上安装位置和安装精度，直接利用数控系统的原点偏置功能，通过原点偏置来补偿工件的安装误差，这样使用起来非常方便。

2.3　程序结构与程序段格式

为了满足设计、制造、维修的需要，在输入代码、程序格式、加工指令及辅助功能等方面，国际上有两种通用标准，即 ISO 标准和 EIA 标准。我国根据 ISO 标准制定了《数控机床轮廓和点位切削加工可变程序段格式》《数控机床程序段格式中的准备功能 G 和辅助功能 M 代码》等，但是由于各个数控机床生产厂家所用的标准尚未完全统一，每种数控系统，根据系统自身的特点和编程的需要，都规定了一定的程序结构和格式，其所用的代码、指令及其含义不完全相同，因此在编程时必须仔细了解机床系统的编程要求、指令和格式，按所用数控机床编程手册中的规定进行。

2.3.1　程序的结构

数控加工程序由为使机床运转而给予数控装置的一系列指令的有序集合所构成。

一个完整的程序由程序起始符、程序号、程序内容、程序结束和程序结束符 5 部分组成。

1. 程序起始符

程序起始符位于程序的第一行，一般是"％""＄"等。不同的数控机床，起始符也有可能不同，应根据具体数控机床说明书使用。

2. 程序号

程序号也称为程序名，是每个程序的开始部分，位于程序的开头。为了区别存储器中的程序，每个程序都要有程序号，目的是便于从数控装置的存储器中区分、存储、检索、调出该加工程序。

程序号单列一行，由地址码和其后的数字组成，一般为 4～8 位数字。

不同的数控系统，其程序的编号地址码也不同。如在日本 FANUC 系统中，采用英文字母"O"作为程序编号；美国 A‑B 数控系统采用英文字母"P"作为程序名地址符；德国 SIE-MENS 数控系统和国内华中数控系统采用"％"作为程序名地址符。

3. 程序内容

程序内容部分是整个程序的核心,它由若干程序段组成,每个程序段单列一行。程序段由若干个指令字构成,每个指令字又由字母、数字、符号组成,它表示机床的一个位置或数控设备要完成的一个动作。不同的数控系统有不同的程序格式。

4. 程序结束

程序结束是以程序结束指令 M02 或 M30 作为整个程序结束的指令,用于停止主轴、切削液和进给,并使控制系统复位。

5. 程序结束符

程序结束符是指程序结束的标记符,一般与程序起始符相同。

根据系统本身的特点及编程的需要,每种数控系统都有一定的程序格式。对于不同的机床,其程序格式也不同。因此编程人员必须严格按照机床说明书规定的格式进行编程,实现刀具按直线、圆弧或其他曲线运动,控制主轴的回转和停止、切削液的开关、自动换刀装置和工作台自动交换装置等动作。

2.3.2 程序段格式

程序段的格式是指在同一个程序段中字、字符和数据等各种信息代码的排列顺序和书写规则。不同的数控系统往往有完全不同的或相近的程序段格式。所以,编程时必须按数控系统要求的格式编写每个程序段。

数控设备有 3 种程序段格式:字地址程序段格式、固定顺序程序段格式和带分隔符的固定顺序(亦称表格顺序)程序段格式。

1. 字地址程序段格式

字地址程序段格式由程序段序号字、程序内容和程序段结束字符组成。程序内容由各种指令字组成,每个指令字又由字母(地址)、数字和符号表示。

例如,某程序段中,有如下程序段:

N0010 G92 X0 Y0 Z80;

N0020 M03 S800;

N0030 G90 G00 X100 Y100;

……

由程序易知,这类程序段长度可变,各指令字的先后排列顺序要求不严格,不需要的字以及与上一程序段相同的续效功能字可以省略不写,每一个程序段中可以有多个 G 指令或 M 指令,指令字可多可少。字地址程序段格式的优点是程序简短、直观以及容易检验、修改,故该格式在目前广泛使用。

由于字地址段程序格式,在一个程序中每个程序段的长短不一样,因而又称其为可变程序段格式。其编排格式如下:

N_ G_ X_ Y_ Z_ I_ J_ K_ P_ Q_ R_ A_ B_ C_ F_ S_ T_ M_ LF

2. 带分隔符的固定顺序程序段格式

这种格式的程序段用分隔符"HT"或"TAB"将各字分开,这样就可以不使用地址符,只要按规定的顺序把相应的数字跟在分隔符后面就可以了。

使用分隔符的程序段与字—地址程序段的区别在于用分隔符代替了地址符。在这种格式中,如果本段程序内某字与上一程序段内相应字完全相同,则相应的分隔符保留,而数据省略不写。若程序中出现连在一起的分隔符,表明中间略去一个数据字。使用分隔符程序段格式,程序不直观,容易出错,一般用于功能不多且较固定的数控系统中。

3. 固定顺序程序段格式

这种程序段既无地址码也无分隔符,各字的顺序及位数是固定的。重复的字不能省略,所以每个程序段的长度都是一样的。这种格式的程序段长且不直观,目前应用不多。

2.3.3　程序的分类

数控程序一般分为主程序和子程序两种。

若一组程序段在一个程序中多次出现,或在几个程序中都要使用它,为了简化程序,可以把这组程序段抽出来,按规定的格式写成一个新的程序单独存储,以供另外的程序调用,这种程序就叫作子程序。主程序执行过程中如果需要某一个子程序,可以通过一定格式的子程序调用指令来调用该子程序,执行完后返回到主程序,继续执行后面的程序段。

1. 主程序

在数控加工过程中,最常用的且无任何特殊要求的程序是主程序。FANUC 系统中,主程序名称以 O 后跟四位数字表示,如 O0002。在有些系统中,如西门子,主程序的前两个字符必须是字母,且其后的扩展名为.MPF,如 ABC.MPF。

2. 子程序

在编程过程中,常常把某些固定顺序或重复出现的程序段单独抽出来,编成一个程序,在需要时调用,这个程序就叫子程序。子程序调用功能可以很大程度地简化程序,特别是工件中相同轮廓很多或加工余量很大的情况下。关于子程序的应用方法很多,可根据实际情况灵活应用。在 FANUC 系统中,子程序名称跟主程序没有区别,西门子系统中子程序的开始两个字符必须是字母,扩展名是.SPF,如 ABC.SPF。

3. 子程序的调用方法

以 FANUC 系统为例来说明子程序的调用。调用子程序指令是 M98,指令格式为:

M98　P××××(子程序名)

在主程序中出现这个指令后,系统会自动进入指定的子程序中执行。

子程序结束时,子程序结束用 M99,这样当子程序结束会返回上一级程序中。执行过程如图 2-7 所示。

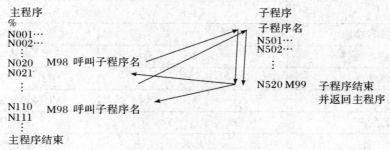

图 2-7　子程序的调用

若在同一位置要调用几次子程序,则用以下格式:

M98 P_L_(L 后跟调用次数)

这种格式经常用在采用增量子程序实现自动进给加工的场合。若只调用一次,L 可以省略不写。

4.子程序的嵌套

子程序调用下一级子程序称为嵌套。上一级子程序与下一级子程序的关系,与主程序与第一层子程序的关系相同。子程序可以嵌套多少层由具体的数控系统决定,编程中使用较多的是二重嵌套。它的执行过程如图2-8所示。

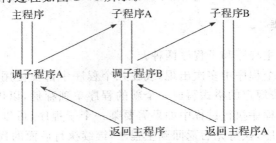

图2-8 子程序的嵌套

2.4 数控系统的指令代码

目前,国际上通用的有 ISO 和 EIA 两种代码。我国以等效采用或参照采用 ISO 的有关标准为主,国标 JB/T3208—1999 标准规定了相关的数控指令字的含义。数控系统中常见、通用指令字含义见表2-1。

表2-1 数控程序中常用指令字含义

功 能	指令字	意 义
程序号	O(EIA)	程序序号
程序段号	N	程序段序号
准备功能	G	动作模式
尺寸字	X,Y,Z	坐标移动指令
	A,B,C,U,V,W	附加轴移动指令
	R	圆弧半径尺寸字
	I,J,K	圆弧中心坐标
主轴旋转功能	S	主轴转速
进给功能	F	进给速率
刀具功能	T	刀具号、刀具补偿号
辅助功能	M	辅助装置的接通和断开
补偿号	H,D	补偿序号
暂停	P,X	暂停时间
子程序重复次数	L	重复次数
子程序号指定	P	子程序序号
参 数	P,Q,R	固定循环

2.4.1　准备功能 G 指令

准备功能 G 指令主要用来指定数控机床的加工方式,为数控进行轨迹插补、固定循环等做好准备。G 后一般跟两位数字 00～99,共 100 个,但实际常用的仅有 30 个左右。表 2-2 所示为常用准备功能 G 指令及含义。

G 指令有两种:模态指令和非模态指令。模态指令又称续效指令,表内标有 a,c,d…字母的表示所对应的第一列的 G 指令为模态指令,字母相同的为一组,同组的任意两个 G 指令不能同时出现在一个程序段中。模态指令在一个程序段中一经指定,便保持到以后程序段中直到出现同组的另一指令时才失效。表内标有"＊"的表示对应的 G 指令为非模态指令,非模态指令只有在所出现的程序段有效。

表 2-2　常用准备功能 G 指令及含义

指　令	功能保持到被取消或被同组程序指令所代替	功能仅在所出现的程序段内有效	功　能	指　令	功能保持到被取消或被同组程序指令所代替	功能仅在所出现的程序段内有效	功　能
G00	a		点定位	G33	a		螺纹切削,等螺距
G01	a		直线插补	G34	a		螺纹切削,增螺距
G02	a		顺时针圆弧插补	G35	a		螺纹切削,减螺距
G03	a		逆时针圆弧插补	G36～G39	♯	♯	永不指定
G04		＊	暂停	G40	d		刀具补偿/刀具偏置注销
G05	♯	♯	不指定	G41	d		刀具补偿(左)
G06	a		抛物线插补	G42	d		刀具补偿(右)
G07	♯	♯	不指定	G43	♯(d)	♯	刀具偏置(正)
G08		＊	加速	G44	♯(d)	♯	刀具偏置(负)
G09		＊	减速	G45	♯(d)	♯	刀具偏置＋/＋
G10～G16	♯	♯	不指定	G46	♯(d)	♯	刀具偏置＋/－
G17	c		XY 平面选择	G47	♯(d)	♯	刀具偏置－/－
G18	c		ZX 平面选择	G48	♯(d)	♯	刀具偏置－/＋
G19	c		YZ 平面选择	G49	♯(d)	♯	刀具偏置 0/＋
G20～G32	♯	♯	不指定	G50	♯(d)	♯	刀具偏置 0/－

续 表

指 令	功能保持到被取消或被同组程序指令所代替	功能仅在所出现的程序段内有效	功 能	指 令	功能保持到被取消或被同组程序指令所代替	功能仅在所出现的程序段内有效	功 能
G51	#(d)	#	刀具偏置＋/0	G68	#(d)	#	刀具偏置,内角
G52	#(d)	#	刀具偏置－/0	G69	#(d)	#	刀具偏置,外角
G53	f		直线偏移注销	G70~G79	#	#	不指定
G54	f		直线偏移 X	G80	e		固定循环注销
G55	f		直线偏移 Y	G81~G89	e		固定循环
G56	f		直线偏移 Z	G90	j		绝对尺寸
G57	f		直线偏移 XY	G91	j		增量尺寸
G58	f		直线偏移 XZ	G92		*	预置寄存
G59	f		直线偏移 YZ	G93	k		时间倒数,进给率
G60	h		准确定位 1(精)	G94	k		每分钟进给
G61	h		准确定位 2(中)	G95	k		主轴每转进给
G62	h		准确定位(粗)	G96	i		恒线速度
G63	*		攻丝	G97	i		主轴每分钟转数
G64~G67	#	#	不指定	G98,G99	#	#	不指定

注:①标有 * 的 G 指令为数控系统通电启动后的默认状态;

②标有 # 的 G 指令为数控系统中未指定或暂未指定的指令;

③不同组的几个 G 指令可以在同一程序段中指定且与顺序无关;

④同一组的 G 指令在同一程序段中指定,则最后一个 G 指令有效;

⑤不同系统的 G 指令并不一致,即使同型号的数控系统,G 指令也未必完全相同。

在标准中有不指定和永不指定的 G 指令。不指定的 G 指令,在将来该标准的修订本中可能规定其功能。永不指定的 G 指令,即便将来修订标准时也不再指定其含义,这一部分指令可供数控机床制造厂家自行规定其含义,但必须在指令格式中加以说明。

2.4.2 辅助功能 M 指令

辅助功能指令也称作 M 功能或 M 代码,一般由字符 M 及随后的两位数字组成,主要用来指定机床加工时的辅助动作及状态,如主轴的启动、停止、正反转,冷却液的开、关,刀具的更换,滑座或有关部件的夹紧和松开等。M 指令也有续效指令与非续效指令之分。JB/T3208—1999 标准中规定的 M 指令从 M00～M99 共 100 种(见表 2-3)。

表 2-3　我国 JB/T3208—1983 标准中规定的 M 指令

指　令	功能开始时间		功能保持到被取消或被同组程序指令所代替	功能仅在所出现的程序段内有效	功　　能
	与程序段指令运动同时开始	程序段指令运动完成后开始			
M00		*		*	程序停止
M01		*		*	计划停止
M02		*		*	程序结束
M03					主轴顺时针方向
M04					主轴逆时针方向
M05		*			主轴停止
M06	#	#		*	换刀
M07					2 号冷却液开
M08	*		*		1 号冷却液开
M09		*	*		冷却液关
M10	#	#	*		夹紧
M11	#	#	*		松开
M12	#	#	#	#	不指定
M13	*		*		主轴顺时针方向,冷却液开
M14	*		*		主轴逆时针方向,冷却液开
M15	*				正运动
M16	*				负运动
M17,M18	#	#	#	#	不指定
M19		*	*		主轴定向停止
M20～M29	#	#	#	#	永不指定
M30		*		*	纸带结束
M31	#	#	*		互锁旁路
M32～M35	#	#	#	#	不指定

续 表

指 令	功能开始时间		功能保持到被取消或被同组程序指令所代替	功能仅在所出现的程序段内有效	功 能
	与程序段指令运动同时开始	程序段指令运动完成后开始			
M36	*		#		进给范围1
M37	*		#		进给范围2
M38	*		#		主轴速度范围1
M39	*		#		主轴速度范围2
M40～M45	#	#	#	#	齿轮换挡
M46,M47	#	#	#	#	不指定
M48		*	*		注销 M49
M49	*		#		进给率修正旁路
M50	*		#		3 号冷却液开
M51	*		#		4 号冷却液开
M52～M54	#	#	#	#	不指定
M55	*		#		刀具直线位移,位置1
M56	*		#		刀具直线位移,位置2
M57～M59	#	#	#	#	不指定
M60		*		*	更换工件
M61	*		#		工件直线位移,位置1
M62	*		*		工件直线位移,位置2
M63～M70	#	#	#	#	不指定
M71	*		*		工件角度位移,位置1
M72	*		*		工件角度位移,位置2
M73～M89	#	#	#	#	不指定
M90～M99	#	#	#	#	永不指定

下面简要介绍部分 M 指令。

M00:程序暂停。程序执行到 M00 时,中断执行,按下循环启动键可以继续执行程序,可用在加工中需要手工换刀、工件掉头时。

M01:条件程序暂停。程序执行到 M01 时,若 M01 的有效开关上置,则 M01 与 M00 功能相同,若有效开关下置,则 M01 不生效。常用于零件抽检等不定期暂停场合。

M02:程序结束,并使主轴与进给停止,冷却液关闭。

M03:主轴正转。该指令用于使主轴正转,常与 S 指令一起出现。

M04:主轴反转。该指令用于使主轴反转,常与 S 指令一起出现。

M05:主轴停止。该指令使主轴停止转动,常用于加工结束时或加工中心换刀指令前。

M06:自动换刀。该指令用于使刀具自动更换。如 T02 M06 表示将主轴上的刀具换成 2 号刀具。执行该指令前应让主轴或刀架到达换刀位置,镗铣加工中心应停转主轴。

M07:2 号切削液(雾状)开或切屑收集器开。

M08:1 号切削液(液状)开或切屑收集器开。

M09:切削液关。

M30:程序结束,与 M02 用法基本相同,除控制主轴与进给停止,冷却液关闭外,还使程序返回程序头,再次运行可直接启动。

M98:调用子程序。

M99:子程序结束,并返回主程序。

M 指令各个厂家均有不同规定,使用时请仔细阅读机床附带的编程说明书。

2.4.3 F,S,T 指令

1.进给功能字 F

F 指令为进给速度指令,用来指定坐标轴移动进给的速度,在某些特定指令后也表示螺纹的导程。F 指令为模态指令,一经设定后如未被重新指定,则先前所设定的进给速度继续有效。该指令一般有以下两种表示方法:

(1)代码法。F 后跟的数字不直接表示进给速度的大小,而是机床进给速度数列的序号。

(2)直接指定法。F 后跟的数字就是进给速度的大小,如 F150,表示进给速度为 150 mm/min。这种方法直观方便,不需要记忆或查阅资料就能给出进给速度,因此,现在被广泛使用。

在只有 X,Y,Z 三坐标运动的情况下,F 指令后面的数值表示刀具的运动速度,单位是 mm/min(数控车床还可为 mm/r)。如果运动坐标有转角坐标 A,B,C 中的任何一个,则 F 指令后的数值表示进给率,即 $F=L/\Delta t$,Δt 为走完一个程序段所需的时间,F 的单位为 (°)/min 或 rad/min。

2.主轴速度功能字 S

该指令用来指定主轴的转速或速度,用字母"S"及后面的 1~4 位数字表示。S 指令有恒转速(单位为 r/min)和恒线速(单位为 m/min)两种指令方式。r/min 应用较多,各种机床主轴的转速常用这个单位。如 S800 表示主轴以 800r/min 的转速运转。m/min 主要在开启恒线速度切削等功能中用于表示切削线速度,如 G96 S100,表示机床以 100m/min 的恒定线速度进行切削。

S 功能字也是模态指令,也有两种表示方法,一种是直接跟速度值,一种是机床系统规定的速度代码。

S 指令只是设定主轴转速的大小,并不会使主轴旋转,必须有 M03(主轴正转)或 M04(主轴反转)指令时,主轴才开始旋转。

3.刀具功能字 T

T 指令用于选择所需的刀具,同时还可用来指定刀具补偿号。一般加工中心程序中的 T 指令后的数字直接表示所选择的刀具号码,如 T12,表示 12 号刀;数控车床程序中的 T 指令后的数字既包含所选择的刀具号,也包含刀具补偿号,如 T0102,表示选择 01 号刀,调用 02 号刀补参数。

T 指令在加工中心上使用时,只用于选择刀具库中的刀具,但并不执行换刀操作。T 指令只有在数控车床上,才具有换刀功能。

2.4.4 尺寸功能字

尺寸字用来设定机床各坐标的位移量,由坐标地址符及数字组成。一般以 X,Y,Z,U,V,W 等字母开头,后面紧跟"+"或"—"及一串数字,"+"可省略。

该数字以脉冲当量为单位时,不使用小数点。如果使用小数表示该数,则基本单位为 mm,如 X50.。

多数数控系统可以用准备功能字来选择坐标尺寸的制式,如 FANUC 系统可用 G21/G22 来选择米制单位或英制单位,也有些系统用系统参数来设定尺寸制式,选择不同的尺寸单位。

需要说明的是,尽管数控代码是国际通用的,但是各个数控系统制造厂家往往自定了一些编程规则,不同的系统有不同的指令方法和含义,具体应用时要参阅该数控机床的编程说明书,遵守编程手册的规定,这样编制的程序才能为具体的数控系统所接受。

思考题与习题

2—1 何谓数控加工的程序编制?

2—2 编程方法有哪几种? 并说明其含义。

2—3 手工编程要经过哪些步骤?

2—4 什么是机床坐标系? 什么是工件坐标系? 二者有何区别?

2—5 坐标系建立后,各个轴的位置如何确定? 各个轴的正方向如何判断?

2—6 一个完整的数控程序由哪些部分组成? 各个部分的作用是什么?

2—7 数控程序分为哪几类? 试画图说明其执行过程。

2—8 组成程序段的功能字有哪几类? 各有何作用?

第3章　数控机床编程技术

【知识要点】

（1）坐标系设定与调用指令；

（2）运动相关指令；

（3）数控车床固定循环指令；

（4）数控铣床刀具半径补偿指令；

（5）孔加工固定循环指令。

3.1　坐标系相关指令

【考试知识点】

（1）坐标系设定指令；

（2）零点偏置指令；

（3）坐标平面选择指令；

（4）绝对、增量编程指令。

3.1.1　工件坐标系设定指令 G92/G50

数控机床上，既有作为基准的机床坐标系，又有为编程方便所设定的工件坐标系。在编制数控加工程序时，首先应使用坐标系相关指令，建立工件坐标系。

G92,G50 指令是设定工件坐标系的指令，G50 指令用于数控车床，G92 指令用于数控铣床与加工中心。这两个指令的作用是以工件坐标系的原点为基准点，设定刀具起始点在该坐标系中的坐标值，并把这个坐标值寄存在数控装置的存储器内，作为零件所有加工尺寸的基准点。

指令格式为：G50　X(α) Z(β)　（车床，见图 3 - 1）

　　　　　　　G92　X(Δx)Y(Δy)Z(Δz)　（铣床，见图 3 - 2）

坐标值 X,Y,Z 为刀位点在工件坐标系中的初始位置，也可以认为是刀具起始点在工件坐标系中的坐标。

G92/G50 是一个不产生运动的指令，所有设定工件坐标系指令只是设定程序的原点，并不产生移动。工件坐标系建立以后，程序内所有用绝对值指定的坐标值，均为这个坐标系中的坐标值。

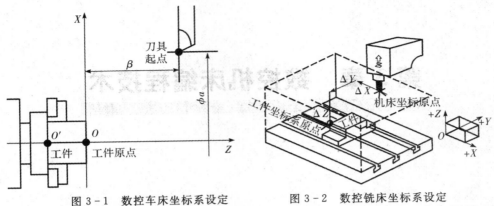

图 3-1　数控车床坐标系设定　　　　图 3-2　数控铣床坐标系设定

G92/G50 是模态指令,其设定值在重新设定前一直有效。

注意:这种方式设置的加工原点是随刀具当前位置(起始位置)的变化而变化的。因此,操作者必须于工件安装后检查或调整刀具刀位点,以确保机床上设定的工件坐标系与编程时在零件上所规定的工件坐标系在位置上重合一致。

有的系统没有工件坐标系设定指令,可以直接用零点偏置指令 G54～G59 代替,如 SIE-MENS 802S/C。

3.1.2　零点偏置指令 G54～G59

零点偏置指令 G54～G59 也可用于建立工件坐标系。它是先测定出预置的工件原点相对于机床原点的偏置值,并把该偏置值通过参数设定的方式预置在机床存储器中,无论断电与否都将一直被系统所记忆,直到重新设置为止。

当零点偏置值已在 MDI 或手动操作方式下预置好以后,使用 G54～G59 指令,可实现对预置工件坐标系的调用。很多数控系统都提供 G54～G59 指令,可预置 6 个工件坐标系。它们均为模态指令。

系统所提供的 6 个零点偏置皆以机床原点为参考点,分别以各自与机床原点的偏移量表示,需要提前输入机床内部,如图 3-3 所示。

在程序中,G54～G59 不独立使用,而是通过执行"G54/…/G59 G00 X～ Y～ Z～ "时,指令刀具移到该预置工件坐标系中的指定位置,该程序段后出现的坐标值,就是在预置工件坐标系中的坐标。

G92/G50 指令与 G54～G59 指令之间的联系与区别:

(1)G54～G59 指令和 G92/G50 指令都可设定工件坐标系。

(2)G92/G50 后面一定要跟坐标地址字,而 G54～G59 后面不需要跟坐标地址字。

(3)G92/G50 指令必须单独一行使用,但 G54～G59 可单独一行,也可与其他指令共一行使用。

(4)G92/G50 指令是通过程序来设定工件坐标系的,其所设定的工件坐标系原点与当前刀具所在的位置有关,且随着当前刀具位置的不同而改变。而 G54～G59 指令是通过参数设定的方式来建立工件坐标系的,一旦设定,工件原点在机床坐标系中的位置不变,且与刀具位置无关。

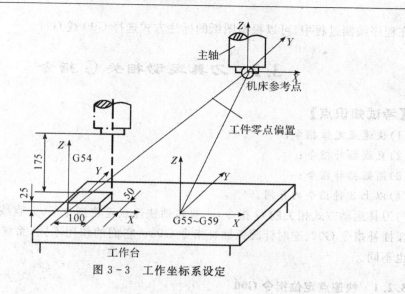

图 3-3　工作坐标系设定

3.1.3　坐标平面设定指令 G17/G18/G19

准备功能指令 G17,G18,G19 分别指定空间坐标系中的 XOY 平面、ZOX 平面和 YOZ 平面,如图 3-4 所示,其作用是确定圆弧插补平面、刀具半径补偿平面。它们均为模态指令。

对于三坐标的数控铣床和镗铣加工中心,开机后默认 G17 设置,即在 XOY 平面内加工和插补,如果在其他平面加工则要用 G18 或 G19 进行相应的设定。数控车床总是在 XOZ 平面内加工和运动,所以程序中不需要用指令区别和设定。

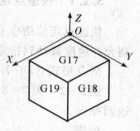

图 3-4　坐标平面判定指令

要说明的是,移动指令和平面选择指令无关,例如选择了 XOY 平面之后,Z 轴仍旧可以移动。

3.1.4　绝对尺寸和增量尺寸 G90/G91

绝对尺寸指机床运动部件的坐标尺寸值相对于坐标原点给出,增量尺寸指机床运动部件的坐标尺寸值相对于前一位置给出。

使用 G90 时,程序中的位移量用刀具的终点坐标表示。

使用 G91 时,程序中的位移量用刀具运动的增量(位移值)表示。

绝对值编程指令 G90 和增量值编程指令 G91 是一对模态指令。G90 为机床开机缺省值。

例 3-1　如图 3-5 所示,从 A 到 B 有两种表达方法。

绝对方式:G90 G01 X80 Y150 F100

相对方式:G91 G01 X-120 Y90 F100

值得注意的是,G90,G91 方式编程多用于数控铣床及加工中心编程。车床程序编制时,用 X、Z 表示 X 轴、Z 轴的绝对坐标值,而用 U、W 分别表示 X 轴、Z 轴上的移动量。此时,不需要用 G90,G91 指令。

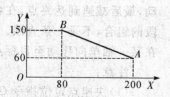

图 3-5　绝对尺寸与增量尺寸

在程序编制过程中,可以根据图纸的标注方式选择 G90 或 G91。

3.2 刀具运动相关 G 指令

【考试知识点】

(1)快速点定位指令;

(2)直线插补指令;

(3)圆弧插补指令;

(4)以上 3 种指令的异同。

与刀具运动方式相关的 G 指令,主要包括快速点定位指令 G00、直线插补指令 G01,顺时针圆弧插补指令 G02、逆时针圆弧插补指令 G03。它们的作用不同,系统控制方式不同,指令格式也不同。

3.2.1 快速点定位指令 G00

快速点定位指令 G00 的功能是要求刀具以点位控制方式从刀具所在位置,以各轴设定的最高允许速度移动到指定位置,主要用于使刀具快速接近或快速离开零件,属于模态指令。

指令格式:G00 X~Y~Z~

例 3-2 图 3-6 所示刀具从原点快速移动到 A 点,再由 A 点快速移动到 B 点,然后快速返回原点。

程序:

绝对方式:G90　G00　X200　Y60;

　　　　　G00　X80　Y150;

　　　　　G00　X0　Y0;

相对方式:G91　G00　X200　Y60;

　　　　　G00　X−120　Y90;

　　　　　G00　X−80　Y−150;

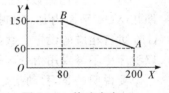

图 3-6　快速点定
位指令 G00

快速点定位的移动速度不能用程序指令设定,而是根据数控系统预先设定的速度来执行,因此程序中不需设定运动速度。

快速点定位对刀具的运动轨迹没有严格的精度要求,其执行过程是刀具由起始点开始加速移动至最大速度,然后保持快速移动,最后减速到达终点,实现快速点定位,这样可以提高数控机床的定位精度。

由于快速点定位指令 G00 执行时,刀具沿着各个坐标轴方向同时按参数设定的速度移动,最后减速到达终点,在各坐标轴方向上有可能不是同时到达终点。刀具移动轨迹是几条线段的组合,不是一条直线。例如,在 FANUC 系统中,运动总是先沿 45°角的直线移动,最后再在某一轴单向移动至目标点位置。

注意:

(1)快速点定位指令 G00 运动速度是由厂家预先设置的,不能用程序指令设定,但可以通过面板上的快速倍率旋钮调节。

(2)刀具的实际运动路线可能是直线或折线,使用时应注意刀具移动过程中是否会和零件或夹具发生碰撞。

（3）快速定位目标点不能选在零件上，以防刀具撞上工件，一般应离开零件表面 1～5mm。

3.2.2　直线插补指令 G01

直线插补指令 G01 是直线运动命令，规定刀具在两坐标或三坐标间以插补联动方式按指定的 F 进给速度作任意直线运动。

指令格式：

G01 X～ Y～ Z～　F～

其中，X，Y，Z 是目标点的坐标，F 是 G01 的移动速度，单位一般是 mm/min。

例 3-3　图 3-7 所示刀具从坐标原点移动到 A 点。

程序如下：G01 X40 Y20 F100；

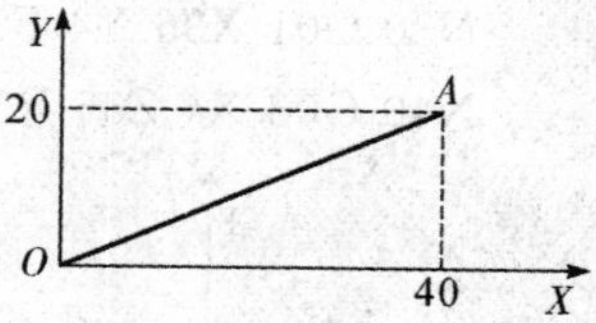

G01 是模态指令，在某一程序段出现后，在以下的程序中一直有效，而且可以省略不写，直到被同组的其他指令（如 G00，G02，G03 等）代替。

直线运动时的进给速度由 F 指令决定。F 也是模态指令，在没有新的 F 指令出现时一直有效，不必在每个程序段中都写入。如果在 G01 程序段之前及本程序段中没有 F 指令，则机床不运动。因此，首次出现 G01 的程序段中必须含有 F 指令。

图 3-7　直线插补指令 G01

3.2.3　圆弧插补指令 G02/G03

圆弧插补指令是切削圆弧时使用的指令，控制运动部件按照给定进给速度、方向，以圆弧轨迹从起始点移动到终点。圆弧方向判别规则如下：逆着垂直于圆弧所在平面的第三轴方向看，圆弧顺时针即为顺圆插补 G02，逆时针即为逆圆插补 G03。顺、逆圆弧判断如图 3-8 所示。

执行圆弧插补指令前，应先指定圆弧所在平面。如未指定，则车床默认在 XOZ 平面内插补圆弧，立式铣床默认在 XOY 平面内插补圆弧。

指令格式：

车床：G02/G03 X～Z～R～F～　　　（半径方式）

G02/G03 X～Z～I～K～F～　（矢量方式）

铣床：G02/G03 X～Y～Z～R～F～　（半径方式）

G02/G03 X～Y～Z～I～J～K～F～　（矢量方式）

程序段中 X，Y，Z 是圆弧终点的坐标值，R 是圆弧半径。

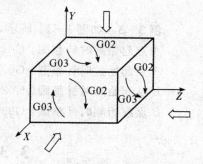

图 3-8　圆弧方向判别

I，J，K 是圆弧起点到圆弧圆心的矢量在相应坐标轴上的分矢量。I，J，K 的大小计算如图 3-9 所示，分矢量的方向与坐标轴方向相同，I，J，K 后的数字为正值，相反为负值。

整圆不能用半径 R 编程，只能用 I，J，K 指定圆心位置编程。

注意：加工中心或数控铣床如果在 YOZ 平面和 XOZ 平面内编程时，应该用 G19 和 G18 指令指定圆弧插补平面。

G02 和 G03 为模态指令，一旦指定一直有效，直到被同组中其他的指令（G00，G01，…）取代为止。

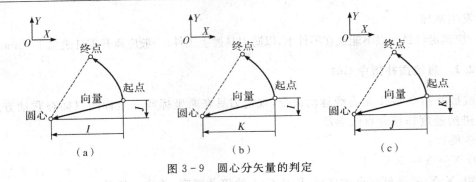

图 3-9　圆心分矢量的判定

例 3-4　如图 3-10 所示,要加工图示从 *A* 到 *B* 的逆时针方向圆弧,其程序段:

N30 G01 X36 Y4 F150;

N40 G03 X4 Z36 R32;

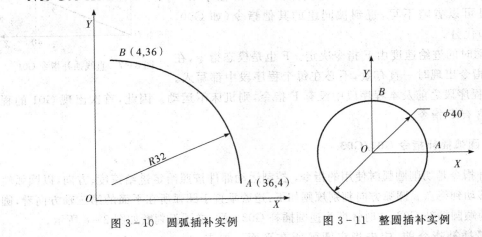

图 3-10　圆弧插补实例　　　图 3-11　整圆插补实例

例 3-5　如图 3-11 所示,加工图示从 *A* 点起始和从 *B* 点起始的整圆,其程序段:

A 点起始顺时针整圆: G02 I20 F120;

A 点起始逆时针整圆: G03 I20 F120;

B 点起始顺时针整圆: G02 J20 F120;

B 点起始顺时针整圆: G03 J20 F120;

3.3　数控车床的程序编制

【考试知识点】

(1)坐标系设定指令;

(2)刀具偏置指令;

(3)刀尖半径补偿指令;

(4)固定循环指令;

(5)螺纹加工指令。

数控车床是目前使用较广泛的数控机床,主要用于轴类和盘类回转体零件的加工,能自动完成内外圆面、柱面、锥面、圆弧、螺纹等工序的切削加工,尤其适合具有复杂回转成形面零件的加工。

3.3.1　数控车床的编程要点

数控车床编程具有以下特点。

(1)在一个程序段中,根据零件图样尺寸,可以采用绝对值编程(X,Z),增量编程(U,W)或二者混合编程。

(2)车床上,工件的毛坯多为圆棒料或铸锻件,加工余量较大,所以为了简化编程,数控装置常具备不同形式的固定循环,可进行多次重复循环切削。

(3)为提高工件径向尺寸精度,X 轴的脉冲当量常取 Z 轴的一半。例如,X 轴脉冲当量为 0.005mm/P,Z 轴的脉冲当量为 0.01mm/P。

(4)由于被加工零件的径向尺寸标注和测量时都以直径方式表示,所以编程时径向用直径方式编程。因此绝对值编程时,X 是直径值;增量值编程时,U 是直径增量值。另外,有的系统中有直径、半径编程的转换指令。

3.3.2　数控车床常用指令

1. 坐标系设置指令 G50

数控车削程序编制时,首先应确定工件原点位置并用相关指令来设定工件坐标系。车削加工的工件原点一般设置在工件右端面或左端面与主轴轴线的交点上。

指令格式:

G50　X～ Z～

其中:X,Z 是刀具起始点在所设工件坐标系中的坐标值。

G50 指令通常编在加工程序的第一段,且运行程序前,必须通过对刀操作使刀具的刀位点(车刀刀尖)位于程序指定的起刀点位置。

例 3 - 6　如图 3 - 12 所示,欲在工件右端面建立图示工件坐标系,程序如下:

G50 X120 Z40;

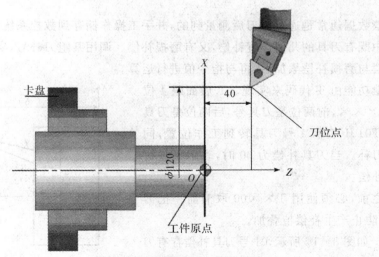

图 3 - 12　数控车床坐标系设定

2.刀具偏置指令 T

在编制数控车床程序时,如果使用多把刀具,通常以其中一把刀具作为基准,并以该刀的刀尖位置为依据来建立工件坐标系。由于每把刀长度和宽度不一样,当其他刀具转到加工位置时,刀尖的位置与基准刀应会有偏差。另外,每把刀具在加工过程中都有磨损。因此,对刀具的位置和磨损就需要进行补偿,使其刀尖位置与基准刀尖位置重合。

数控车床的这种功能,称为刀具偏置,也是车床刀具的位置补偿,简称"刀补"。

刀具偏置的实质就是令转位后新刀具的刀尖移动到上一基准刀具刀尖所在的位置上,新、老刀尖重合。

位置补偿值包含刀具几何补偿值和磨损补偿值,如图 3-13 所示。刀具几何补偿是补偿刀具形状和刀具安装位置与编程理想刀具或基准刀具之间的偏移;刀具磨损补偿则是用于补偿刀具使用磨损后实际刀具尺寸与原始尺寸的误差。

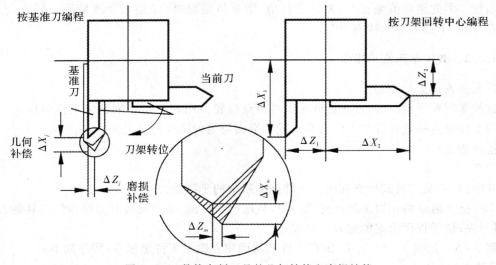

图 3-13 数控车削刀具的几何补偿和磨损补偿

这些补偿数据通常是通过对刀后测量到的,并手工操作储存到数控系统的刀具偏置表中。刀具补偿值中既有刀具的几何位置补偿,又有磨损补偿。调用某组刀补号,实质上就是对该组几何位置补偿与磨损补偿累加后,再与指令值进行运算。

刀具补偿功能由 T 代码来实现。T 后面跟 4 位数字,即 T××××,前两位是刀具号,后两位是刀具补偿号。如 T0101 表示 1 号刀具转到工作位置,同时调用 1 号刀补。当刀具补偿为 00 时,表示不进行补偿或取消补偿。

在换刀之前,必须使用 T××00 取消前一把刀具的补偿值,防止产生补偿值叠加。

例 3-7 如图 3-14 所示,01 号刀具补偿存有刀具补偿值,刀具加刀补和未加刀补有两种移动方式。

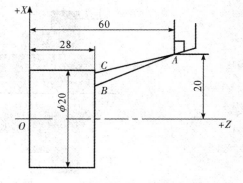

图 3-14 数控车床刀具偏置实例

加刀补:G00 U－20.0 W－30.0 T0100；　(A→B)

未加刀补:G00 U－20.0 W－30.0 T0101；　(A→C)

3. 刀尖圆弧半径补偿指令 G41/G42

在编程的过程中,常常将刀尖看作一个点,但实际上刀尖是有圆弧的,通常将如图 3－15 中所示的 P 点作为假想刀尖。

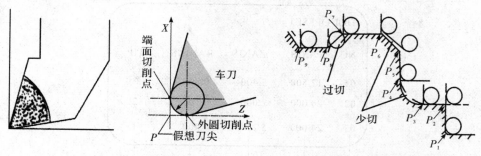

图 3－15　刀尖圆弧半径　　　　　图 3－16　刀尖圆弧半径的影响

在加工内孔、外孔和端面时,刀尖圆弧对尺寸和形状没有影响,但在加工圆弧和锥面时,就会造成少切或过切,如图 3－16 所示。可以利用数控装置自动计算补偿值,生成正确的刀尖走刀路线。这时就要使用刀具圆弧半径补偿功能 G41 或 G42。

刀尖圆弧半径左、右补偿的判定:逆着垂直于所在切削平面的第三轴,顺着刀具运动方向看,如图 3－17 所示:如果刀具在工件的左侧,称为刀尖圆弧半径左补偿,用 G41 编程;如果刀具在工件的右侧,称为刀尖圆弧半径右补偿,用 G42 编程。

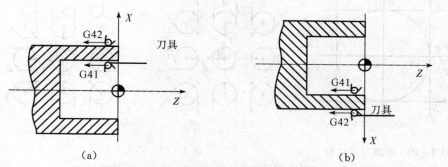

图 3－17　刀尖圆弧半径补偿方向的判定

(a)后置刀架;(b)前置刀架

取消刀尖圆弧半径补偿时,应将 G40 指令应写在程序开始的第一个程序段及取消刀具半径补偿的程序段,取消刀尖圆弧半径补偿功能。

指令格式:

G41/G42 G00/G01 X～　Z～　F～；　　　刀尖圆弧半径补偿建立

G40 G00/G01 X～　Z～　F～；　　　刀尖圆弧半径补偿取消

刀尖圆弧半径补偿程序编制时,应注意 G40/G41/G42 指令不能与圆弧切削指令在同一个程序段;在 G40/G41/G42 程序段中,必须使用 G00/G01 指令在 X,Z 方向进行移动,否则会产生报警。

4．刀尖方位

数控车床总是按刀尖进行对刀的,刀尖位置不同,刀具在切削时的摆放位置也不同,所以补偿的方向和补偿量也不同。

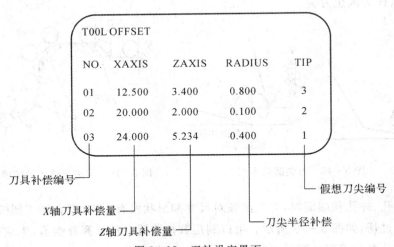

图 3-18　刀补设定界面

刀尖半径补偿量可以通过图 3-18 所示的刀具补偿设定界面设定。T 指令要与刀具补偿编号相对应,并且要输入假想刀尖位置号。假想刀尖共有 10 个,如图 3-19 所示。

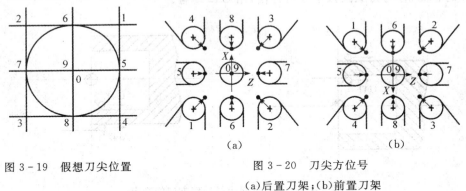

图 3-19　假想刀尖位置

图 3-20　刀尖方位号

(a)后置刀架;(b)前置刀架

图 3-20 所示为前置刀架或后置刀架时,常用几种刀具的假想刀尖位置。

5．自动返回参考点指令 G28

参考点是 CNC 机床上的基准点。除了手动回参操作可以使刀架返回参考点外,还可以利用参考点返回指令将刀架移动到该点。

指令格式:

G28 G90（G91）X（U）～　Z（W）～；

G28 指令可以让刀具从任意位置以快速移动 G00 的方式途经中间点返回参考点。由 X,Y 和 Z 设定的位置叫作中间点,通常设置在能避免发生刀具干涉的位置上。机床先移动到这个点,然后返回参考点。省略了中间点的轴不移动,只有在命令里指定了中间点的轴执行其返回参考点命令。如果中间点与当前的刀具位置一致,机床就从其当前位置直接返回参考点,如图 3-21 所示。

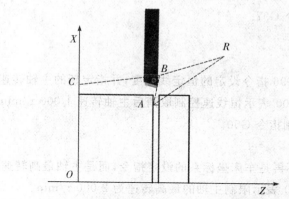

图 3-21　自动返回参考点与参考点返回指令

执行参考点返回命令时,每一个轴是独立执行的,这就像快速移动命令 G00 一样。通常刀具路径不是直线,因此,要求对每一个轴设置中间点,以免机床在参考点返回时与工件发生碰撞。

G28 指令通常用于自动换刀的程序段,执行前要取消刀具补偿功能。

执行 G28 指令时,各轴先以 G00 的速度快移到程序指定的中间点位置,然后再快速返回参考点,到达参考点后,相应坐标方向的回参指示灯亮。

6. 从参考点返回指令 G29

G29 指令的功能是使刀具由机床参考点经中间点返回到目标点。

指令格式:

G29 X(U)～　Z(W)～

执行 G29 指令时,各个轴快速移动到 G28 指定的中间点,再从中间点快速移动到 G29 指定的坐标点。

例 3-8　如图 3-21 所示,B 点坐标为(150,90),C 点坐标为(140,0)。假设刀具现在在 A 点,由 A 点经 B 点返回参考点 R,并由 R 点返回 C 点,程序如下:

……

G28　X150　Z90 ;　(经过 B 点返回参考点 R 点)

G29 X140　Z0;　　(由 R 点经过 B 点返回 G29 中指定的 C 点)

……

7. **速度控制指令** G96,G97,G50

(1)恒线速度控制指令 G96。

指令格式:G96　S～ ;

车削端面或加工过程中直径变化太大时,如果主轴转速不变,随着刀具越接近旋转中心,切削的线速度越低,到接近旋转中心时,线速度趋于零。这会影响到工件的表面质量。此时需要在程序中编入 G96 指令,车削时可以保持恒定的切削线速度。注意,S 后数值的单位是 m/min。

例 3 - 9 G96 S150 表示切削点线速度控制在 150 m/min。(主轴转速非恒定)

(2)恒线速度取消指令 G97。

指令格式:

G97 S ~ ;

用 G97 指令取消由 G96 指令设定的恒定线速度,并指定新的主轴转速。

例 3 - 10 G97 S1000 表示恒线速控制取消后主轴转速 1 000 r/min。

(3)主轴最高转速限制指令 G50。

指令格式:G50 S~

在这种格式下 G50 不再是车床坐标系的设定指令,而是主轴最高转速的设定指令。

例 3 - 11 G50 S2000 表示限制主轴的最高转速为 2 000 r/min。

在应用 G96 指令时,当刀具接近工件旋转中心,由于旋转半径趋于零,主轴转速应趋于无穷大,这是很危险的。为了保护机床、保证安全,应在程序中编入 G50 指令来限制主轴的最高转速。

3.3.3 车削固定循环

对于加工余量较大的毛坯,如果采用前面介绍的基本指令进行车削编程,不但编程工作量大,而且程序将很长,过于烦琐。为此,可采用车削固定循环指令来简化编程,缩短编程时间,并使程序简短清晰。车削循环指令包括单一形状固定循环和复合形状固定循环两类指令。

1. 单一形状固定循环指令 G90/G94

在零件粗加工时,往往遇到需要多刀去除余量的场合,编程过程极其麻烦。若将一次加工中的切入、切削、退刀、返回等一系列连续的动作,用一个循环指令来表示,就可达到简化程序、减少编程出错概率的目的。将循环过程非常简单,每次循环仅能去除一层余量的循环,称为单一形状固定循环。这类循环包括外圆切削循环和端面切削循环。

(1)外圆切削循环指令 G90。

1)外圆切削循环:

G90 X(U)~Z(W)~F~ ;

其中,X(U),Z(W)为车削循环中车削进给路径的终点坐标,在使用增量值指令时,U,W 数值符号由刀具路径方向来决定。该循环主要用于轴类零件的外圆加工,如图 3 - 22 所示。

在循环加工过程中,除切削加工时,刀具按 F 指令速度运动外,刀具在切入、退出工件和返回起始点都是以快速进给速度(G00 指令的速度)进行的。R 表示快速移动,F 表示进给运动,加工顺序按 1,2,3,4 进行。

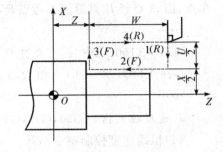

图 3 - 22 外圆切削循环

2)锥度切削循环:

G90 X(U)~Z(W)~R~F~ ;

其中,R 为锥度部分大端与小端的半径差。以增量值表示,其正负符号取决于锥端面位置。当刀具起于锥端大头时,R 为正值;起于锥端小头时,R 为负值。即起始点坐标大于终点坐标时 R 为正,反之为负。该循环主要用于轴类零件的锥面加工,如图 3-23 所示。

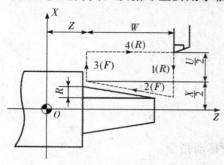

图 3-23 锥度切削循环   图 3-24 外圆切削循环样例

例 3-9 如图 3-24 所示,用 G90 循环的加工程序为:

……

N50 G00 X72.0 Z5.0 ;

N60 G90 X60.0 Z-25.0 F150;

N70 X50.0 ;

N80 X40.0 ;

N90 X30.0 ;

……

（2）端面切削循环指令 G94

1）端面切削循环:

G94 X(U)~Z(W) ~F~ ;

2）锥面切削循环:

G94 X(U) ~Z(W) ~R~F~ ;

其中:X,Z 为切削终点的坐标值;U,W 为起刀点到切削终点的增量值。G94 指令的加工内容跟 G90 一样,只不过切削方式变成沿端面方向切削,如图 3-25 所示。

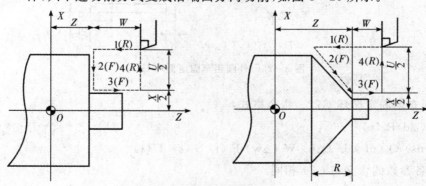

图 3-25 端面切削循环

2.复合形状固定循环

由于单一形状固定循环的功能相对简单,因此,实际上常用另一类复合形状固定循环。这类循环仅需给定零件轮廓、切削深度、精加工余量,即可由系统自动计算走刀轨迹。

(1)外圆粗车固定循环 G71。指令格式:

G71 U (△d) R (e)

G71 P (ns) Q (nf) U (△u) W (△w) F (f) S (s) T (t)

N(ns)……

……

N(nf)……

从序号 ns 至 nf 的程序段,指定 A 及 B 间的移动指令。

上述格式中各字符的含义:

△d:切削深度(半径指定),不指定正负符号。切削方向依照 AA′的方向决定,在另一个值指定前不会改变。

e:退刀量,由参数设定。该值是模态的,直到其他值指定以前不改变。

ns:精加工程序中的第一个程序段的顺序号。

nf:精加工程序中的最后一个程序段的顺序号。

△u:X 轴方向精加工预留量的距离及方向。(直径/半径)

△w:Z 轴方向精加工预留量的距离及方向。

G71 的循环过程如图 3-26 所示,C 为粗加工循环的起点,A 是毛坯外径与端面轮廓的交点。

只要给出 AA′B 之间的精加工形状及径向精车余量△u/2、轴向精车余量△w 及切削深度△d就可以完成 AA′BA 区域的粗车工序。

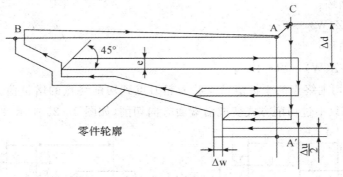

图 3-26　外圆粗车固定循环 G71

(2)端面车削固定循环 G72。指令格式:

G72 W(△d)R (e)

G72 P(ns) Q (nf) U (△u) W (△w) F (f) S (s) T (t)

指令中各参数的含义与 G71 相同。

G72 一般用于加工端面尺寸较大的零件,即所谓的盘类零件,在切削循环过程中,刀具是沿 Z 轴方向进刀,平行于 X 轴切削。

G72 走刀轨迹如图 3 - 27 所示，C 为粗加工循环的起点，A 是毛坯外径与端面轮廓的交点。只要给出 AA′B 之间的精加工形状及径向精车余量 $\Delta u/2$、轴向精车余量 Δw 及切削深度 Δd 就可以完成 AA′BA 区域的粗车工序。

（3）仿形粗车循环 G73。指令格式：

G73 U（Δi）W（Δk）R（d）

G73 P（ns）Q（nf）U（Δu）W（Δw）F（f）S（s）T（t）

N（ns）……

　　　　……　　　沿 AA′B 的程序段号

N（nf）……

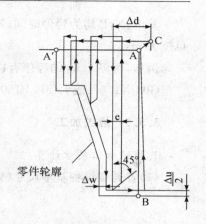

图 3 - 27　端面粗车固定循环 G72

指令中，各字符的含义：

Δi：X 轴方向退刀距离（半径指定）。

Δk：Z 轴方向退刀距离（半径指定）。

d：粗车次数。这个值与粗加工重复次数相同。

ns：精加工形状程序的第一个段号。

nf：精加工形状程序的最后一个段号。

Δu：X 轴方向精加工余量及方向。（直径/半径）

Δw：Z 轴方向精加工余量及方向。

如图 3 - 28 所示，G73 指令可以切削固定的图形，适合切削铸造成形、锻造成形或者已粗车成形的工件。当毛坯轮廓形状与零件轮廓形状基本接近时，用该指令比较方便。

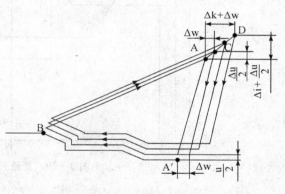

图 3 - 28　仿形粗车固定循环 G73

（4）精加工循环 G70。指令格式：

G70 P（ns）Q（nf）

指令中，各字符的含义：

ns：精加工形状程序的第一个段号。

nf：精加工形状程序的最后一个段号。

用 G71，G72 或 G73 完成粗车循环后，使用 G70 指令可实现精车循环。精车时的加工量是粗车循环时留下的精车余量，加工轨迹是工件的轮廓线。

3.3.4　暂停指令 G04

G04 可使刀具在某一位置作短暂无进给停留，以获得较高的表面质量。常用于槽底光整加工或锪孔加工。

指令格式：

G04 X～　或　G04 P～

其中:X,P 均为暂停时间;X 后面的数字为带小数点的数,单位为 s;P 后面的数字为整数,单位为 ms。

例如,暂停 1.6s 的程序有以下两种写法:

G04 X1.6 或 G04 P1600。

3.3.5 螺纹加工

1.螺纹加工尺寸计算

(1)普通螺纹各基本尺寸(见图 3-29)。

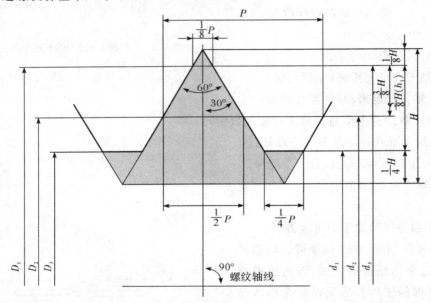

图 3-29 普通三角螺纹的基本牙型

1)与外螺纹牙顶或内螺纹牙底相重合的假想圆柱面的直径称为大径(螺纹的最大直径),也称为螺纹的公称直径。内/外螺纹分别用符号 D 和 d 表示。

2)与外螺纹牙底或内螺纹牙顶相重合的假想圆柱面的直径称为小径(螺纹的最小直径)。内/外螺纹小径分别用 D_1 和 d_1 表示。

3)在大径与小径之间,其母线通过牙形沟槽宽度和突起宽度相等的假想圆柱面的直径称为螺纹中径。内/外螺纹中径分别用 D_2 和 d_2 表示;螺纹配合时,内外螺纹的中径应该一致。

4)中径线上,对应两点间的轴向距离称为螺距,用 P 表示。

5)原始三角形高度用 H 表示。

(2)螺纹的加工方法。螺纹加工属于成形加工,为了保证螺纹的导程,加工时主轴旋转一周,车刀的进给量必须等于螺纹的导程,因此进给量较大。但是由于螺纹车刀的强度一般不大,因而螺纹的牙型一般不是一刀车削成的,需要多次分刀加工。数控车床上常用的加工方法有斜进法和直进法两种,如图 3-30 所示。

直进式切削是指刀具径向直接进刀,这是一种最常用的切削方式。在加工中,车刀的左右两侧刃都参加切削,两侧刃均匀磨损,不仅能保证螺纹牙形清晰,而且螺纹车刀两侧刃所受的轴向切削分力有所抵消,从而部分地消除了车削时因轴向切削分力导致车刀偏歪的现象。但是由于车刀左右两侧同时切削,也存在着排屑不畅,散热不好,受力集中等问题,特别是在切削螺距较大(如 3mm 以上)的螺纹时,由于切削深度较大,刀刃磨损较快,容易造成螺纹中径产生误差,因而该切削方式一般适用于车削螺距 3mm 以下的直螺纹。

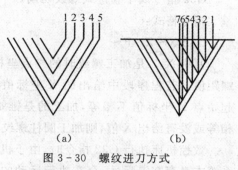

图 3-30 螺纹进刀方式
(a)直进法切削; (b)斜进法切削

斜进式切削是指刀具以和径向成 27°~30°的角度进刀切削。在加工中,由于其为单侧刃切削,刀具负载较小,排屑容易,散热好,并且切削深度逐渐递减,因而加工后的螺纹表面粗糙度较低。但由于是单侧刃切削,刀刃容易损伤和磨损,会造成加工的螺纹面不直,刀尖角发生变化,致使牙形精度较差。因此,该切削方式一般适用于加工螺距 3mm 以上的螺纹。

常用螺纹车削的进给次数和吃刀量见表 3-1。

表 3-1 螺纹进给次数和吃刀量 单位:mm

公制螺纹							
螺 距	1.0	1.5	2	2.5	3	3.5	4
牙深(半径值)	0.649	0.974	1.299	1.624	1.949	2.273	2.598
切削次数及吃刀量(直径值) 1次	0.7	0.8	0.9	1.0	1.2	1.5	1.5
2次	0.4	0.6	0.6	0.7	0.7	0.7	0.8
3次	0.2	0.4	0.6	0.6	0.6	0.6	0.6
4次		0.16	0.4	0.4	0.4	0.6	0.6
5次			0.1	0.4	0.4	0.4	0.4
6次				0.15	0.4	0.4	0.4
7次					0.2	0.2	0.4
8次						0.15	0.3
9次							0.2

2.单行程螺纹切削

(1)简单螺纹切削指令 G32。如图 3-31 所示,G32 指令可以加工圆柱螺纹和圆锥螺纹。该指令能使刀具的移动和主轴的转速保持固定的传动比,即主轴旋转一圈,刀具移动一个导程(螺距)。

G32 指令属于直进式螺纹切削。

指令格式：

G32 X～Z～F～

其中 X,Z 是加工螺纹时的终点坐标,F 为螺距值。若程序段中给出的 X 坐标值和螺纹起始点 X 坐标值不相等,加工的是锥螺纹,若相等或没有给出 X 值,则加工圆柱螺纹。

数控机床执行 G32 指令时,由于机床伺服系统本身存在滞后性,会在执行运动的起始和停止阶段产生螺距不规则现象,所以实际加工螺纹的长度 W 应包括空刀引入量和超越量见图 3-32,则有

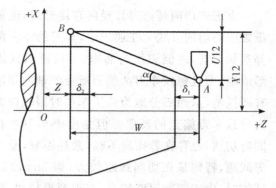

图 3-31 简单螺纹车削指令

$$W=L+\delta_1+\delta_2$$

式中:δ_1 为空刀引入量,一般取 $(3\sim5)P$(螺距);δ_2 为超越量,常取 $0.5\delta_1$。

(2)螺纹切削单一循环。

由于用 G32 指令编写的程序较长,使用不便,因此也常使用螺纹切削单一循环。

1)锥螺纹切削循环。指令格式：

G92 X(U)～Z(W)～R～F～;

其中：X,Z 为螺纹终点坐标值;U,W 为螺纹终点相对循环起点的坐标分量;R 为圆锥螺纹切削起点和切削终点的半径差;F 为螺纹的导程。

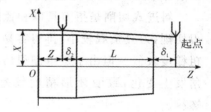

图 3-32 螺纹加工的
引入量与超越量

如图 3-33(a)所示,G92 指令可以将螺纹切削过程中从出发点"切入—切螺纹—退刀—返回起始点"的 4 个动作用一个程序段完成。图中刀具从循环起点 A 开始,按 $A\rightarrow B\rightarrow C\rightarrow D$ 进行自动循环,最后又回到循环起点 A,虚线表示快速移动,实线表示按 F 指令指定的进给速度移动。

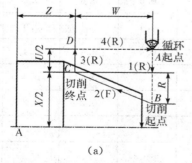

(a)

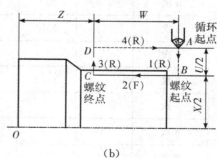

(b)

图 3-33 螺纹切削单—循环

2)直螺纹切削循环。指令格式 ：

G92 X(U)～Z(W)～F～;

如图 3-33(b)所示,G92 指令也属于直进式螺纹切削。

3.螺纹切削复合循环

G76 指令用于多次自动循环切削螺纹,程序中只需在指令中一次性定义好相关参数,则车削过程由系统自动计算各次车削深度,并自动分配吃刀量完成螺纹加工,如图 3-34 所示。G76 指令为斜进式螺纹切削,可用于不带退刀槽的圆柱螺纹和圆锥螺纹的加工。

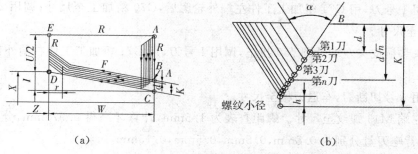

(a)　　　　　　　　　　　　(b)

图 3-34　螺纹切削复合循环

指令格式:

G76 X~Z~I~K~D~F~A~P~

其中:X 为螺纹加工终点处 X 轴坐标值;Z 为螺纹加工终点处 Z 轴坐标值;I 为螺纹加工起点和终点的差值,当 I=0 时,进行圆柱螺纹切削;K 为螺纹牙型高度,按半径值算;D 为第一次循环时的切削深度;F 为螺纹导程;A 为螺纹牙型顶角角度,范围 0~120°;P 为指定切削方式。

P 指定的切削方式有 4 种:P1 表示单边切削,每次的切削量相等;P2 表示双边车削,每次的切削量相等;P3 表示单边车削,每次的背吃刀量相等;P4 表示双边车削,每次的背吃刀量相等。

3.3.6　数控车床编程实例

图 3-35 为数控车削工件的图样。零件毛坯为　80×104 的圆棒料,材料45#钢,试编写其加工数控程序。

1.刀具选择及切削参数的选择

(1)刀具选择。

1 号刀:93°菱形外圆车刀(粗、精)。

2 号刀:内孔镗刀。

3 号刀:60°外螺纹刀。

4 号刀:外切槽刀,刀宽 4mm。

5 号刀:钻头 φ18(手动)。

(2)切削参数的选择。根据加工表

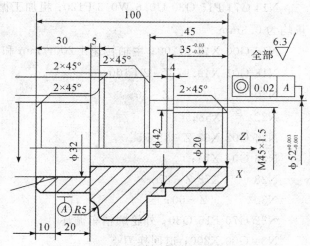

图 3-35　螺母套零件

面质量要求、刀具和工件材料,参考切削用量手册或机床使用说明书选取:外轮廓粗/精加工的主轴转速分别为 800r/min 和 1200r/min,外轮廓粗/精加工进给速度分别为 120mm/min 和100mm/min;切退刀槽、挑螺纹的主轴转速为 400r/min,切槽进给速度为 40mm/min;镗孔粗/

精加工的主轴转速分别为 800r/min 和 1200r/min，进给速度分别为 100mm/min 和 80mm/min。

2.工艺路线

(1)三爪卡盘夹紧零件右端外圆柱面，手动见光端面后用 φ18 钻头钻孔 φ20 至 φ18 通孔。

(2)调用 1 号刀，用 G71 粗加工工件左端外轮廓后，G70 精加工至尺寸；调用 2 号刀，同样加工内轮廓至尺寸。

(3)掉头垫铜皮夹左端外圆 φ50 找正，调用 1 号刀，用 G71 粗加工工件右端外轮廓后，G70 精加工至尺寸。

(4)调用 4 号切断刀，车退刀槽至尺寸。

(5)车左端 M45 螺纹至尺寸。螺距查表为 1.5mm，计算牙高得 0.975mm，分 4 次切削完成。每次的背吃刀量分别为 0.8mm，0.5mm，0.5mm，0.15mm。

3.加工程序

(1)零件左端面加工程序。

O0011 主程序名

N2 G98 G21 G97；初始化(分进给；尺寸单位 mm；固定转速)

N4 M03 S800 T0101；转速 800r/min；换 1 号外圆刀并由刀偏建立工件坐标系

N6 G00 X84 Z0；快速移到加工起始点

N8 G01 X-0.5 F100 M08；见光端面，进给速度为 100mm/min

N10 G00 X84 Z2；返回下一步加工起始点

N12 G71 U1.5 R1；外轮廓粗车循环，背吃刀量 1.5，退刀量 1

N14 G71 P16 Q30 U0.6 W0.3 F120；粗加工循环：进给量 120 mm/min，X、Z 向精加工余量均为 0.3mm

N16 G00 X42 S1200；主轴转速 1 200r/min 和进给量 100mm/min 在精加工中有效

N18 G01 X49.97 Z-2 F100；

N20   Z-30；

N22   X58；

N24 G02 X68 Z-35 R5；

N26 G01 X74；

N28   X78 Z-37；

N30   Z-60；

N32 G70 P16 Q30；外轮廓精车循环

N34 G00 X200；退回换刀点

N36   Z200；

N38   T0202 S800；换 2 号镗孔刀，转速 800 r/min

N40 G00 X16 Z3；返回下一步加工起始点

N42 G71 U1 R0.5；内轮廓粗车循环，背吃刀量 1mm，退刀量 0.5mm

N44 G71 P46 Q54 U-0.6 W0.3 F100；粗加工循环：进给量 100 mm/min，X、Z 向精加工

余量 0.3mm

N46 G00 X33.6；

N48 G01 X32 Z-10　S1200 F80；主轴转速 1 200r/min 和进给量 80mm/min 在精加工
中有效

N50　　　　　Z-30；

N52　　　　　X20；

N54　　　　　Z-105；

N56 G71 P46 Q54；内轮廓精车循环

N58 G00　　　　Z200 M09；退刀

X200；

N60 M05；主轴停止

N62 M30；程序结束

(2)零件右端面加工程序。

O0012 主程序名

N2 G98 G21 G97；初始化(分进给；尺寸单位 mm；固定转速)

N4 T0101；换 1 号外圆刀并由刀偏建立工件坐标系

N6 M03 S800；转速 800r/min；

N8 G00 X84；见光端面

N10　　　　　Z1；

N12 G01 X-0.5 F40　　M08；

N14 G00 X84 Z2；

N16　　　　　Z0；

N18 G01 X-0.5；

N20 G00 X84 Z2；快速移到加工起始点

N22 G71 U1.5 R1；外轮廓粗车循环,背吃刀量 1.5,退刀量 1

N24 G71 P26 Q38 U0.6 W0.3 F120；粗加工循环:进给量 120 mm/min,X、Z 向精加工余
量 0.3mm

N26 G00 X37 S1200 F100；主轴转速 1200r/min 和进给量 100mm/min 在精加工中有效

N28 G01 X44.8 Z-2；

N30　　　　　Z-34.96；

N32　　　X52.01；

N34　　　　　Z-45；

N36　　　X74；

N38　　　X78 Z-47；

N40 G70 P26 Q38；外轮廓精车循环

N42 G00 X200 Z200；退回换刀点

N44 T0404　　S400；换 4 号切槽刀,转速 400 r/min

N46 G00 X54；　快速移到下一个加工起始点

N48　　　　　Z-34.96；

N50 G01 X42　F40；切退刀槽进给速度 40mm/min

N52　　　X54；

N54 G00　X200 Z200；退回换刀点

N56 T0303　　S400；换 3 号螺纹刀，转速 400 r/min

N58 GOO X48 Z5；快速移到内孔螺纹加工起始点

N60 G92 X44.2 Z－33 F2；G92 螺纹第一次循环切削，背吃刀量 0.8mm

N62　　　X43.6；第二次循环切削，背吃刀量 0.6mm

N64　　　X43.2；第三次循环切削，背吃刀量 0.4mm

N66　　　X43.04；第四次循环切削，背吃刀量 0.16mm

N68 G00 X200 Z200 M09；退刀

N70 M05；主轴停止

N72 M30；程序结束

3.4　数控铣床的程序编制

【考试知识点】

(1)刀具半径补偿的使用；

(2)刀具长度补偿的使用；

(3)孔加工固定循环指令。

3.4.1　刀具半径补偿指令 G41/G42/G40

数控机床在加工过程中，数控系统所控制的是刀具中心的轨迹，为了方便起见，用户总是按零件轮廓编制加工程序，因而为了加工所需的零件轮廓，在进行内轮廓加工时，刀具中心必须向零件的内侧偏移一个刀具半径值；在进行外轮廓加工时，刀具中心必须向零件的外侧偏移一个刀具半径值。如图 3－36 所示。人工计算刀具中心轨迹编程，其数值计算有时相当复杂，尤其当刀具磨损、重磨、换新刀等导致刀具直径变化时，必须重新计算刀心轨迹，修改程序，这样既烦琐，又不易保证加工精度。

利用数控系统的计算功能，编程时可按工件轮廓进行，数控系统自动计算刀具中心轨迹，使刀具偏离工件轮廓一个半径值，这种根据零件轮廓编制程序和预先设定偏置参数，数控装置能实时自动生成刀具中心轨迹的功能称为刀具半径补偿功能，如图 3－37 所示。

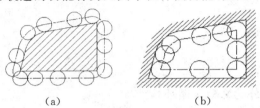

(a)　　　　　　　　　　(b)

图 3－36　内外轮廓加工

(a)外轮廓加工；　(b)内轮廓加工

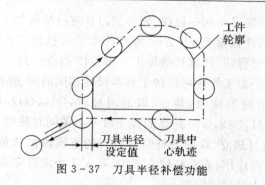

图 3-37　刀具半径补偿功能

指令格式：

G00（或 G01）G41 X～ Y～ D～；（左刀补）

G00（或 G01）G42 X～ Y～ D～；（右刀补）

G00（或 G01）G40 X～ Y～；（取消刀补）

指令中，地址字 D 为补偿号，即存放刀补值的存储器地址号。

刀补号和对应的补偿值可用 MDI 方式在刀具偏置表中输入。

根据 ISO 标准，在图 3-38 中：G41 为左偏刀具半径补偿指令，即沿刀具运动方向看（设工件不动），刀具位于工件轮廓的左边；G42 为右偏刀补指令。G40 为刀具半径补偿注销指令，即使用该指令后，G41 或 G42 指定的刀补无效，使刀具中心与编程轨迹重合。

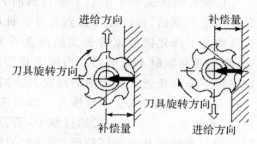

图 3-38　刀具半径补偿方向的判定

刀具半径补偿功能的执行过程一般可分为三步，如图 3-39 所示。

（1）建立刀补。刀具从起刀点接近工件，并在原来编程轨迹基础上，向左（G41）或向右（G42）偏置一个刀具半径。在该过程中不能进行零件加工。

（2）刀补进行。刀具中心轨迹（图 3-39 中的虚线）与编程轨迹（见图 3-39 中的实线）始终偏离一个刀具半径的距离。

（3）刀补撤销。刀具离开工件，使刀具中心轨迹的终点与编程轨迹的终点（如起刀点）重合。它是刀补建立的逆过程。同样，在该过程中不能进行零件加工。

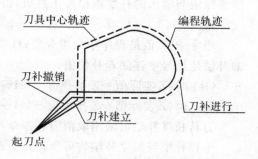

图 3-39　刀具半径补偿的建立过程

在加工曲线轮廓时，利用刀具补偿指令可不必求出刀具中心的运动轨迹，只按被加工工件的轮廓曲线编程，同时在程序中给出刀具半径补偿指令，就可加工出具有轮廓曲线的工件，使编程工作大大简化。另外，刀具磨损或刀具重磨以及中途更换刀具后，使刀具直径变小，这时利用刀具半径补偿功能，只需在控制面板上用刀补开关或键盘手工输入方式改变刀具半径补偿值即可（可不必修改已编好的程序）。

利用刀具半径补偿功能可用同一程序、同一把刀具进行粗精加工。设精加工余量为 Δ,则粗加工时手工输入的刀具补偿量为 $r+\Delta$(r 为刀具半径),精加工时输入的刀具补偿量为 r。此外,利用刀补功能还可进行凹、凸模具的加工。用 G42 指令得到凸模轨迹,用 G41 指令得到凹模轨迹。这样,使用同一加工程序可以加工基本尺寸相同的内、外两种轮廓的模具。

使用刀具半径补偿时应当注意:建立、取消刀补时,G41,G42,G40 指令必须与 G00 或 G01 指令共段,即使用 G41,G42,G40 指令的程序段中必须同时使用 G00 或 G01 指令,而不得同时使用 G02 或 G03,并且建立、取消刀补时所运行的直线段的长度要大于所要补偿的刀具半径值,否则补偿功能不起作用;而在补偿方式中,写入 2 个或更多刀具不移动的程序段(辅助功能、暂停等),刀具将产生过切或欠削。

3.4.2 刀具长度补偿指令 G43/G44/G49

在数控铣床或加工中心上进行轴向方向多刀加工时,容易出现长度问题。例如,镗孔时先用钻头预钻,再用镗刀镗到尺寸。此时机床已经设定工件零点,而编程时一般都是让刀具快速下降到接近工件表面的高度开始切削,若是以钻头对刀确定工件坐标系的 Z 原点,则钻头钻削时不会撞刀。当换上镗刀时,如果没有设定刀具长度补偿而程序中同样设定快速下降到接近工件表面的高度,这时若镗刀比钻头短,就会出现镗孔镗不通的现象,而当镗刀比钻头长时就会出现撞刀。如果在程序中通过修改 Z 地址值,来保证加工零点的正确,容易出错。而且在加工的过程中,若刀具磨损了需要修改程序,若一个零件加工过程中同一把刀要加工几个不同的面,那这把刀磨损之后则要修改所有与这把刀相关的程序。而在编制程序中使用了刀具长度补偿功能,刀具磨损后,只需在相应的刀具长度补偿号中修改长度补偿值,不需要再修改程序,既提高了工作效率,也保证了程序的安全运行。

刀具长度补偿指令一般用于刀具的轴向补偿。其作用是使刀具在轴向的实际位移量大于或小于程序给定值,即输入的补偿量与程序给定的坐标值相加(G43)或相减(G44)。给定的程序坐标值与输入的补偿值都可正可负,由需要而定。

格式:G43/G44 Z～ H～;

指令中:Z 值是程序中的指令值;H 为补偿代号,是刀具补偿存储器的地址号,在该存储器的补偿地址号中存储着补偿值。

G43 时:Z 实际值＝Z 指令值＋(H～)

G44 时:Z 实际值＝Z 指令值－(H～)

刀具长度补偿可采用取消刀补指令 G49 或用 G43 H00 和 G44 H00 注销。

半径补偿与长度补偿均可预设正值或负值,因此使用指令 G43 且 H 为正值等同于使用指令 G44,H 设负值的效果,使用指令 G43 且 H 设负值等同于指令 G44,H 设正值的效果。因此,为避免指令输入或使用时失误,操作者通常只使用指令 G43,H 根据需要设正值或负值。

需要注意,如果在零件的数控加工程序中,既有刀具长度补偿又有刀具半径补偿指令时,必须把含有长度补偿的程序段写在含有半径补偿的程序段前面,否则半径补偿无效。

3.4.3 孔加工固定循环

1.孔加工固定循环的概念

钻孔、铰孔、攻丝以及镗削加工时,孔加工路线包括 X,Y 轴方向的点到点的点定位路线,

Z 轴方向的切削运动。所有孔加工运动过程类似,其过程通常包括:

(1)在安全高度刀具 X,Y 轴方向快速点定位于孔加工位置。

(2)Z 轴方向快速接近工件运动到切削的起点。

(3)以切削进给率进给运动到指定深度。

(4)刀具完成所有 Z 轴方向运动离开工件返回到安全的高度位置。

按照孔加工工艺要求,一些孔加工时,还会有孔底暂停、让刀、反转等动作。

这些运动可用 G00,G01 编程指令表达,但孔数目多时程序较长。为减少编程工作量,数控系统软件工程师把类似的孔加工步骤、顺序动作编写成预存储的微型程序,固化存储在计算机的内存里,该存储的微型程序就称为固定循环。编程人员可用系统规定的固定循环指令调用孔加工的全部动作。固定循环指令的使用方便孔加工编程,并减少程序段数。

2.孔加工固定循环通用格式

孔加工固定循环通用格式:

G90/G91 G98/G99 G73~G89 X~Y~Z~R~Q~P~F~K~;

其中:

X,Y:孔加工定位位置;

R:R 点平面所在位置;

Z:孔底平面的位置;

Q:当有间隙进给时,刀具每次加工深度;在精镗或反镗孔循环中为退刀量;

P:指定刀具在孔底的暂停时间,数字不加小数点,以 ms 作为时间单位;

F:孔加工切削进给时的进给速度;

K:指定孔加工循环的次数。

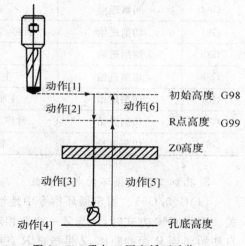

孔加工循环的通用格式表达了孔加工所有可能的运动,如图 3-40 所示,这些动作应由孔加工循环格式中相应的指令字描述。

孔加工动作与孔加工固定循环通用格式中的指令字一一对应,见表 3-2。

图 3-40　孔加工固定循环动作

表 3-2　孔加工动作及固定循环格式中的指令字

动作①	G17 平面快速定位	给定孔中心定位位置——X,Y 值
动作②	Z 向快速进给到 R 点	给定开始工进的起始位置——R 值
动作③	Z 轴切削进给,进行孔加工	给定工进的终止位置,孔底——Z 值 给定孔进给加工时信息——F,Q 值
动作④	孔底部的动作	给定刀具在孔底的暂停时间——P 值
动作⑤	Z 轴退刀到 R 点	给定返回 R 平面模式——G99
动作⑥	Z 轴快速回到起始位置	给定返回初始平面模式——G98

并不是每一种孔加工循环的编程都要用到孔加工循环的通用格式的所有代码。以上格式中,除 K 代码外,其他所有代码都是模态代码,只有在循环取消时才被清除,因此这些指令一

经指定,在后面的重复加工中不必重新指定。取消孔加工循环采用指令 G80。另外,如在孔加工循环中出现 01 组的 G 指令,则孔加工方式也会自动取消。

孔加工固定循环功能,主要用于孔加工,包括钻孔、镗孔、攻螺纹等,调用固定循环的 G 指令有 G73,G74,G76,G81~G89。G80 用于取消固定循环状态。指令各种不同类型的孔加工动作,见表 3-3。

表 3-3 孔加工固定循环及动作一览表

G 指令	加工动作(-Z 向)	孔底动作	退刀动作(+Z 向)	用　途
G73	间歇进给		快速进给	高速深孔加工
G74	切削进给	暂停、主轴正转	切削进给	攻左旋螺纹
G76	切削进给	主轴准停	快速进给	精镗
G80				取消固定循环
G81	切削进给		快速进给	钻孔
G82	切削进给	暂停	快速进给	钻、镗阶梯孔
G83	间歇进给		快速进给	深孔加工
G84	切削进给	暂停、主轴反转	切削进给	攻右旋螺纹
G85	切削进给		切削进给	镗孔
G86	切削进给	主轴停	快速进给	镗孔
G87	切削进给	主轴正转	快速进给	反镗孔
G88	切削进给	暂停、主轴停	手动	镗孔
G89	切削进给	暂停	切削进给	镗孔

3.孔加工固定循环的相关参数

(1)G90/G91。固定循环指令中地址 R 与地址 Z 的数据指定与 G90 或 G91 的方式选择有关。选择 G90 方式时,R 与 Z 一律取相对 Z 向零点的绝对坐标值;选择 G91 方式时,则 R 是指自初始面到 R 面的距离,Z 是指自 R 点所在面到孔底平面的 Z 向距离。

X,Y 地址的数据指定与 G90 或 G91 的方式选择也有关。G91 模式下的 X,Y 数据值是相对前一个孔的 X,Y 方向的增量距离。

(2)返回点平面指令 G98/G99。由 G98 或 G99 决定刀具在返回时到达的平面,如图 3-40 所示。

如用 G98 时,则返回到初始平面,返回面高度由初始点的 Z 值指定。

如用 G99 时,则返回时到达 R 点平面,返回面高度由 R 值指定。

G98 和 G99 指令只用于固定循环,它们的主要作用就是在孔之间运动时绕开障碍物。障碍物包括夹具、零件的突出部分、未加工区域以及附件等。

采用固定循环进行孔系加工时,一般不用返回到初始平面,只有在全部孔加工完成后,或孔之间存在凸台或夹具等干涉件时,才回到初始平面。

4.固定循环中的 Z 向高度位置及选用

在孔加工运动过程中,刀具运动涉及 Z 向坐标的 3 个高度位置:初始平面高度,R 平面高度,钻削深度。孔加工工艺设计时,要对这 3 个高度位置进行适当选择。

（1）初始平面高度。初始平面是为安全点定位及安全下刀而规定的一个平面。安全平面的高度应能确保它高于所有的障碍物。当使用同一把刀具加工多个孔时,刀具在初始平面内的任意点定位移动应能保证刀具不会与夹具、工件凸台等发生干涉,特别防止快速运动中切削刀具与工件、夹具和机床的碰撞。

（2）R 平面高度。R 平面为刀具切削进给运动的起点高度,即从 R 平面高度开始刀具处于切削状态。由 R～指定 Z 轴的孔切削起点的坐标。

对于所有的循环都应该仔细地选择 R 平面的高度,通常选择在 Z0 平面上方 1～5mm 处。考虑到批量生产时,同批工件的安装变换等原因可能引起 Z0 面高度变化的因素,如果有必要,对 R 点高度设置进行调整。

（3）孔切削深度。固定循环中必须包括切削深度,到达这一深度时刀具将停止进给。在循环程序段中以 Z 地址来表示深度,Z 值表示切削深度的终点。

编程中,固定循环中的 Z 值一定要使用通过精确计算得出的 Z 向深度,Z 向深度计算必须考虑的因素有:图样标注的孔的直径和深度,绝对或增量编程方法,切削刀具类型和刀尖长度,加工通孔时的工件材料厚度和加工盲孔时的全直径孔深要求,工件上方间隙量和加工通孔时在工件下方的间隙量等。

5.孔加工固定循环指令

（1）高速啄式深孔钻循环 G73。指令格式：

G73 X～Y～Z～R～Q～P～F～K～

其中：

X～,Y～:孔心坐标;

Z～:从 R 点到孔底的距离;

R～:从初始位置到 R 点的距离;

Q～:每次切削进给的切削深度;

P～:暂停时间;

F～:切削进给速度;

K～:重复次数。

加工过程如图 3－41 所示。

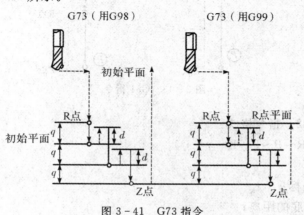

图 3－41　G73 指令

（2）攻左牙螺纹循环 G74。

指令格式：

G74 X～Y～Z～R～Q～P～F～K～

其中：

X～,Y～:孔心坐标；

Z～:从 R 点到孔底的距离；

R～:从初始位置到 R 点的距离；

Q～:每次切削进给的切削深度；

P～:暂停时间；

F～:切削进给速度；

K～:重复次数。

加工过程如图 3－42 所示。

(3)定点钻孔循环 G81。指令格式：

G81 X～Y～Z～R～F～K～;

其中：

X～,Y～:孔心坐标；

Z～:从 R 点到孔底的距离；

R～:从初始位置到 R 点的距离；

F～:切削进给速度；

K～:重复次数。

加工过程如图 3－43 所示。

注意:G81 命令可用于一般的钻孔、铰孔加工。

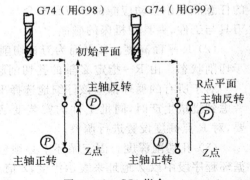

图 3－42 G74 指令

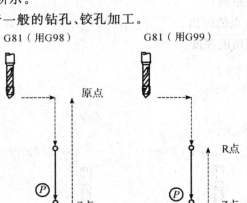

图 3－43   G81 指令

（4）钻孔循环 G82。指令格式：

G82 X～Y～Z～R～P～F～K～;

其中：

X～,Y～:孔心坐标；

Z～:从 R 点到孔底的距离；

R～:从初始位置到 R 点的距离；

P～:在孔底的暂停时间；

F～:切削进给速度;

K～:重复次数。

加工过程如图 3－44 所示。

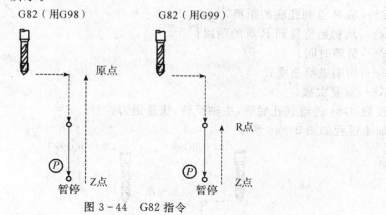

图 3－44　G82 指令

(5)排屑钻孔循环 G83。指令格式:

G83 X～Y～Z～R～Q～F～K～;

其中:

X～,Y～ :孔心坐标;

Z～:从 R 点到孔底的距离;

R～:从初始位置到 R 点的距离;

Q～:每次切削进给的切削深度;

F～:切削进给速度;

K～:重复次数。

注意:G83 由中间进给,到达孔底后快速退刀。

加工过程如图 3－45 所示。

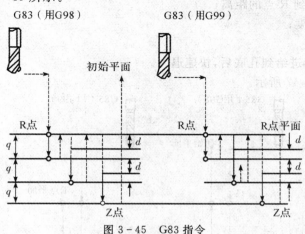

图 3－45　G83 指令

(6)攻丝循环 G84。

指令格式:

G84 X～Y～Z～R～P～F～K～；

其中：

X～、Y～:孔心坐标；

Z～:从 R 点到孔底的距离；

R～:从初始位置到 R 点的距离；

P～:暂停时间；

F～:切削进给速度；

K～:重复次数。

注意:G84 进给到孔底后,主轴反转,快速退刀。

加工过程如图 3－46 所示。

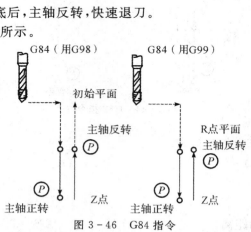

图 3－46　G84 指令

(7)粗镗循环 G85。指令格式：

G85 X～Y～Z～R～F～K～；

式中：

X～,Y～:孔心坐标；

Z～:从 R 点到孔底的距离；

R～:从初始位置到 R 点的距离；

F～:切削进给速度；

K～:重复次数。

注意:G85 从中间进给到孔底后,快速退刀。

加工过程如图 3－47 所示。

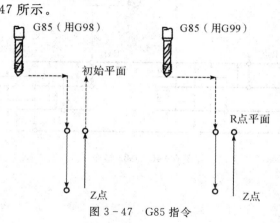

图 3－47　G85 指令

(8)反镗孔循环 G87。指令格式:

G87 X~Y~Z~R~Q~P~F~L~;

其中:

X~,Y~:孔心坐标;

Z~:从 R 点到孔底的距离;

R~:从初始位置到 R 点的距离;

Q~:刀具偏移量;

P~:暂停时间;

F~:切削进给速度。

注意:G87 进给到孔底后,主轴正转,然后快速退刀。

加工过程如图 3 - 48 所示。

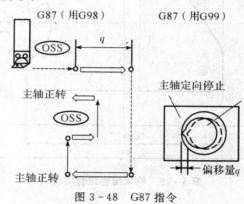

图 3 - 48　G87 指令

(9)取消固定循环 G80。指令格式:

G80;

这个命令取消固定循环方式,机床回到执行正常操作状态。孔的加工数据,包括 R 点、Z 点等,都被取消;但是移动速率命令会继续有效。

注意:要取消固定循环方式,除了可以用 G80 指令之外,还可以用 G 代码 01 组(G00, G01,G02,G03 等等)中的任意一个命令。

3.4.4　数控铣床编程实例

用数控铣床完成如图 3 - 49 所示零件的加工编程。零件材料为硬铝 LY12,毛坯尺寸为 160mm×120mm×10mm,各个表面已经加工到位。

1.加工工艺方案设计

(1)铣削平面,保证尺寸 10,选用 φ80mm 可转位铣刀(5 个刀片)。

(2)钻两工艺孔,选用 φ11.8mm 直柄麻花钻。

(3)粗加工两个凹型腔(落料),选用 φ14mm 三刃立铣刀。

(4)精加工两个凹型腔,选用 φ12mm 四刃立铣刀。

(5)点孔加工,选用 φ3mm 中心钻。

（6）钻孔加工，选用 $\phi11.8mm$ 直柄麻花钻。

（7）铰孔加工，选用 $\phi12mm$ 机用铰刀。

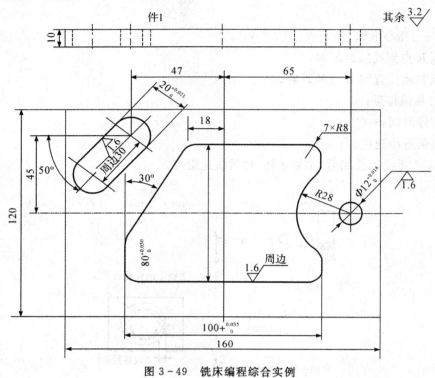

图 3-49　铣床编程综合实例

2. 加工刀具（见表 3-4）

表 3-4　刀具清单

产品名称及代号		Xxxxx	零件名称	Xxxx	零件图号	Xxxx
序号	刀具编号	刀具规格/名称	数量	加工内容	刀具半径/mm	刀具材料
1	T01	$\phi80mm$ 端铣刀（5个刀片）	1	上表面铣削	40	硬质合金
2	T02	$\phi11.8mm$ 直柄麻花钻	1	钻两个工艺孔	5.9	高速钢
3	T03	$\phi14mm$ 粗齿三刃立铣刀	1	粗加工两凹型腔	7	高速钢
4	T04	$\phi12mm$ 细齿四刃立铣刀	1	精加工两凹型腔	6	高速钢
5	T05	$\phi3mm$ 中心孔钻	1	点孔加工	1.5	高速钢
6	T06	$\phi11.8mm$ 直柄麻花钻	1	钻孔加工	5.9	高速钢
7	T07	$\phi12mm$ 机用铰刀	1	铰孔加工	6	高速钢

3. 加工工艺卡(见表 3-5)

表 3-5 加工工艺卡

单位名称			产品名称或代号		零件名称			零件图号	
			材 料		夹具编号		夹具名称	使用设备	
							平口钳+垫铁	立式铣床	
工 序	加工内容	刀号	刀具名称	刀具规格 mm	主轴转速 r/min	进给速度 mm/min	背吃刀量 mm	加工余量 mm	
1	粗加工上表面	T01	端铣刀	ϕ80	450	300	1.7	0.3	
2	精加工上表面	T01	端铣刀	ϕ80	800	160	0.3	0	
3	钻两工艺孔	T02	麻花钻	ϕ11.8	550	80	5.9	0	
4	粗加工两凹型腔	T03	立铣刀	ϕ14	500	80	7	0.3	
5	精加工两凹型腔	T04	立铣刀	ϕ12	800	100	0.3	0	
6	点孔加工	T05	中心钻	ϕ3	1200	120	0.5	0	
7	钻孔加工	T06	麻花钻	ϕ11.8	550	80	5.9	0.1	
8	铰孔加工	T07	铰刀	ϕ12	300	50	0.1	0	

4. 加工程序(见表 3-6、表 3-7)

表 3-6 加工程序

序 号	指 令	含 义
O1601		程序名
N1	G54 G00 G17 G21 G94 G49 G40	建立工件坐标系,绝对编程,XOY 平面,公制编程,分进给,取消刀具长度、半径补偿(选用 ϕ80mm 端铣刀粗加工)
N2	M03 S450	主轴正转,转速 450r/min
N3	G00 G43 Z150 H01	Z 轴快速定位,调用刀具 1 号长度补偿
N4	X125 Y-30	X,Y 轴快速定位
N5	Z0.3	Z 轴进刀,留 0.3mm 铣削深度余量
N6	G01 X-125 F300	平面铣削,进给速度 300mm/min
N7	G00 Y30	Y 轴快速定位
N8	G01 X125	平面铣削
N9	G00 Z150	Z 轴快速退刀

续 表

序 号	指 令	含 义
O1601		程序名
N10	M05	主轴停转
N11	M00	程序暂停(利用厚度千分尺测量厚度,确定精加工余量)
N12	M03 S800	主轴正转,转速 800mm/min(精加工)
N13	G00 X125 Y－30 M08	X,Y 轴快速定位,切削液开
N14	Z0	Z 轴进刀
N15	G01 X－125 F150	平面铣削,进给速度 150mm/min
N16	G00 Y30	Y 轴快速定位
N17	G01 X125	平面铣削
N18	G00 Z150 M09	Z 轴快速退刀,切削液关
N19	M05	主轴停转
N20	M00	程序暂停(手动换刀,更换 ϕ11.8m 麻花钻)
N21	M03 S550 F80	主轴正转,转速 550r/min,进给速度为 80mm/mim
N22	G00 G43 Z150 H02	Z 轴快速定位,调用刀具 2 号长度补偿
N23	X0 Y0 M08	X,Y 轴快速定位,切削液开
N24	G83 G99 X0 Y25 Z－16 Q－5 K1 R2	固定循环指令钻工艺孔
N25	X－55 Y35	固定循环指令钻工艺孔
N26	G00 Z150 M09	Z 轴快速退刀,切削液关
N27	M05	
N28	M00	程序暂停(手动换刀,Φ14mm 粗齿立铣刀)
N29	M03 S500	主轴正转,转速 500r/min
N30	G00 G43 Z150 H03	Z 轴快速定位,调用刀具 3 号长度补偿
N31	X0 Y25 M08	X,Y 轴快速定位,切削液开
N32	Z1	Z 轴快速定位
N33	G01 Z－10.5 F40	Z 轴加工进给,进给速度为 40mm/min
N34	G41 G01 X－13.381 Y40 D01 F80	X,Y 向进给,引入刀具 1 号半径补偿值,进给速度为 80mm/min
N35	M98 P1	调用子程序％1
N36	G00 Z5	Z 轴快速定位

续　表

序　号	指　令	含　义
O1601		程序名
N37	X-55 Y35	X,Y 轴快速定位
N38	Z1	Z 轴快速定位
N39	G01 Z-10.5 F40	Z 轴加工进给,进给速度为 40mm/min
N40	G41 X-73.944 Y28.447 D1 F80	X,Y 向进给,引入刀具 1 号半径补偿值
N41	M98 P2	调用子程序%2
N42	G00 Z150 M09	Z 轴快速退刀,切削液关
N43	M05	主轴停转
N44	M00	程序暂停(手动换刀,更换 ϕ12mm 立铣刀)
N45	M03 S800 F100	主轴正转,转速 800r/min,进给速度为 100mm/min
N46	G00 G43 Z15O H04	Z 轴快速定位,调用刀具 4 号长度补偿
N47	X0 Y25 M08	X,Y 轴快速定位,切削液开
N48	Z-10.5	Z 轴快速进刀
N49	G01 G41 X-13.381 Y40 D02	X,Y 向进给,并引入刀具 2 号半径补偿值
N50	M98 P1	调用子程序%1
N51	G00 Z5	Z 轴快速退刀
N52	X-55 Y35	X,Y 轴快速定位
N53	Z-10.5	Z 轴快速进刀
N54	G01 G41 X-73.944 Y28.447 D02	X,Y 向进给,并引入刀具 2 号半径补偿值
N55	M98 P2	调用子程序%2
N56	G00 Z150 M09	Z 轴快速退刀,切削液关
N57	M05	主轴停转
N58	M00	程序暂停(更换 Φ3 中心钻)
N59	M03 S1200	主轴正转,转速 1200r/min
N60	G00 G43 Z150 H05	Z 轴快速定位,调用刀具 5 号长度补偿
N61	X0 Y0	X,Y 轴快速定位
N62	G81 G99 X65 Y0 Z-2 R2 F120	固定循环指令点孔加工,进给速度 120mm/mim
N63	G80 Z150	取消固定循环,Z 轴快速定位

续　表

序　号	指　令	含　义
O1601		程序名
N64	M05	主轴停转
N65	M00	程序暂停（更换 Φ11.8m 麻花钻）
N66	M03 S550	主轴正转，转速 550r/min
N67	G43 G00 Z100 H02	Z 轴快速定位，调用刀具 2 号长度补偿
N68	X0 Y0 M08	X,Y 轴快速定位，切削液开
N69	G83 G99 X65 Y0 Z−15 Q−5 K1 R2 F80	固定循环指令钻孔加工
N70	G80 Z150 M09	取消固定循环，Z 轴快速定位，切削液关
N71	M05	主轴停转
N72	M00	程序暂停（更换 Φ12mm 机用铰刀）
N73	M03 S300	主轴正转，转速 300r/min
N74	G43 G00 Z100 H06 M08	Z 轴快速定位，调用刀具 6 号长度补偿，切削液开
N75	X0 Y0	X,Y 轴快速定位
N76	G85 G99 X65 Y0 Z−15 R2 F50	固定循环指令铰孔加工
N77	G80 G49 Z150	取消固定循环，取消刀具长度补偿，Z 轴快速定位
N78	M30	程序结束回起始位置，机床复位（切削液关，主轴停转）

表 3−7　子程序

O1602		子程序名％1
N1	G03 X−20.309 Y36 R8	圆弧铣削加工
N2	G01 X−48.928 Y−13.569	X,Y 向同时进给
N3	G03 X−50 Y−17.569 R8	圆弧铣削加工
N4	G01 Y−32	Y 向进给
N5	G03 X−42 Y−40 R8	圆弧铣削加工
N6	G01 X42	X 向进给
N7	G03 X50 Y−32 R8	圆弧铣削加工
N8	G01 Y−23.664	Y 向进给
N9	G03 X−47.576 Y−17.928 R8	圆弧铣削加工
N10	G02 Y17.928 R8	圆弧铣削加工

续　表

O1602		子程序名%1
N11	G03 X50 Y23.664 R8	圆弧铣削加工
N12	G01 Y32	Y 向进给
N13	G03 X42 Y50 R8	圆弧铣削加工
N14	G01 X－13.381	X 向进给
N15	G40 X0 Y25	X,Y 向退刀,并取消刀具半径补偿
N16	M99	子程序结束,返回主程序
O1603		子程序名%2
N1	G03 X58.623 Y15.519 R－10	圆弧铣削加工
N2	G01 X－39.34 Y38.572	X,Y 向同时进给
N3	G03 X－54.66 Y51.428 R－10	圆弧铣削加工
N4	G01 X－73.944 Y28.447	X,Y 向同时进给
N5	G40 X－55 Y35	X,Y 向退刀,并取消刀具半径补偿
N6	M99	子程序结束,返回主程序

思考题与习题

3－1　什么是机床坐标系和机械零点?

3－2　什么是工件坐标系和参考点?

3－3　请简要叙述机床坐标系和工件坐标系的异同和相互联系。

3－4　平面选择指令的作用有哪些?

3－5　G00 与 G01 指令的主要区别有哪些?

3－6　什么是车刀刀尖圆弧半径补偿? 有何作用?

3－7　数控车床的固定循环起什么作用?

3－8　单一循环与复合循环有何区别?

3－9　什么是刀具半径补偿? 它有什么作用?

3－10　孔加工固定循环的运动有哪几步?

3－11　编写图 3－50 所示工件的加工程序,加工方法自定,刀具自选,毛坯 Φ60 mm。注意采用合适的方法保证工件的尺寸公差。

3－12　编制图 3－51 所示零件的加工程序,零件的总长、总宽和总高尺寸已加工完成。

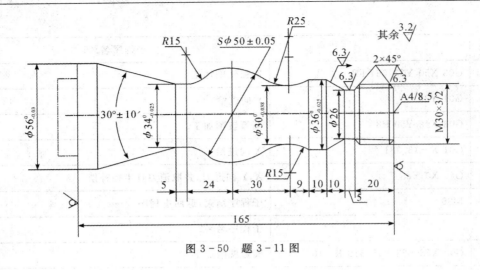

图 3-50 题 3-11 图

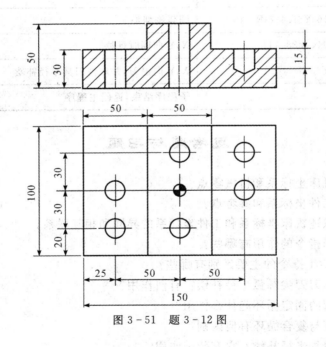

图 3-51 题 3-12 图

第4章　计算机数控装置

【知识要点】

(1)数控装置的功能；

(2)数控装置的组成；

(3)数控机床的插补原理；

(4)脉冲增量插补法；

(5)数据采样插补法。

4.1　计算机数控装置

【考试知识点】

(1)数控装置的功能；

(2)数控装置的工作过程；

(3)数控装置的硬件结构；

(4)数控装置的软件结构。

如前所述，数控装置是控制数控机床运动的中枢，其计算机数控装置又称 CNC 装置，是数控系统的核心。数控装置的主要作用是接收输入介质的信息，将其代码加以识别、储存、运算，并输出相应的指令脉冲以驱动伺服系统，对机床的各运动坐标进行速度和位置控制，进而控制机床按规定的动作和顺序运动。数控装置将加工程序信息经过运算、处理后，将按两种控制量分别输出：一类是连续控制量，送往主轴驱动装置或伺服驱动装置；另一类是离散的开关量，送往可编程序控制器，从而控制机床各组成部分，实现各种数控功能。

一般认为，数控装置是指数控设备控制部分的硬件和安装于其中，完成控制管理任务的软件。数控系统(CNC 系统)是由数控程序、I/O 设备、数控装置(CNC 装置)、可编程控制器(PLC)、主轴驱动装置、进给伺服系统共同组成的一个完整的系统，其核心是数控装置。

数控装置有两种类型：一是完全由硬件逻辑电路构成的专用硬件数控装置，即 NC 装置，NC 装置是数控技术发展早期普遍采用的数控装置，称为硬件数控；二是由计算机硬件和软件组成的计算机数控装置，即 CNC 装置，它由硬件和软件共同完成或在硬件的支持下由软件单独实现全部数控功能。计算机数控装置灵活性强，可靠性高，成本比重降低，是目前普遍使用的数控装置。

目前在计算机数控系统中所用的计算机已不再是小型计算机，而是微型计算机，用微机控制的系统称为 MNC 系统,亦统称为 CNC 系统。

4.1.1 数控系统的工作过程

数控系统的工作过程就是指在硬件的支持下,软件完成控制功能的过程。数控系统的工作过程如图 4-1 所示。

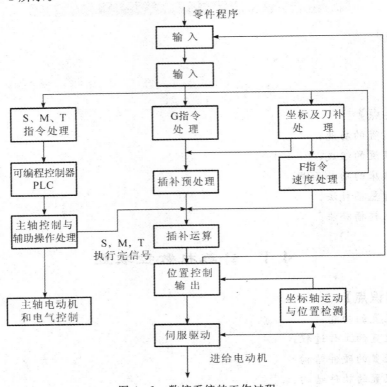

图 4-1 数控系统的工作过程

1.输入

输入数控装置控制器的通常有零件加工程序、机床参数和刀具补偿参数。机床参数一般在机床出厂时或在用户安装调试时已经设定好,所以输入数控系统的主要是零件加工程序和刀具补偿数据。常见输入方式有键盘输入、磁盘输入,上级计算机 DNC 通信输入、网络通信输入等。数控系统的输入工作方式有存储工作方式和 NC 方式。存储工作方式是将整个零件程序一次全部输入到数控系统内部存储器中,加工时再从存储器中把一个个程序调出。该方式应用较多。NC 方式是一边输入一边加工的方式,即在前一程序段加工时,输入后一个程序段的内容。在输入过程中,数控系统还要完成无效码删除、代码校验和代码转换等工作。

2.译码

由于数控加工程序是用自然语言编制的,在系统执行前,应将其转换为机器内部语言,这个过程称为"译码"。译码是以零件程序的一个程序段为单位进行处理,把其中零件的轮廓信息(起点、终点、直线或圆弧等),F,S,T,M 等信息按一定的语法规则解释(编译)成计算机能够识别的数据形式,并以一定的数据格式存放在指定的内存专用区域。编译过程中还要进行语法检查,发现错误立即报警。

3. 刀具补偿

刀具补偿包括刀具半径补偿和刀具长度补偿。刀具补偿的作用是把零件轮廓轨迹按系统存储的刀具尺寸数据自动转换成刀具中心(刀位点)相对于工件的移动轨迹。

刀具半径补偿包括 B 机能和 C 机能刀具补偿功能。由于 B 功能刀具半径补偿只根据本段程序进行刀补计算,不能解决程序段之间的过渡问题,要求将工件轮廓处理成圆角过渡,因此工件尖角处工艺性不好;C 功能刀具半径补偿能自动处理两程序段刀具中心轨迹的转接和过切削判断,可完全按照工件轮廓来编程,因此现代数控机床几乎都采用 C 功能刀具半径补偿。这时要求建立刀具半径补偿程序段的后续两个程序段必须有指定补偿平面内的位移指令(G00,G01,G02,G03 等),否则无法建立正确的刀具补偿。

4. 进给速度处理

数控加工程序给定的刀具相对于工件的移动速度是在各个坐标合成运动方向上的速度,即 F 代码的指令值。速度处理首先要进行的工作是将各坐标合成运动方向上的速度分解成各进给运动坐标方向的分速度,为插补时计算各进给坐标的行程量做准备;另外,进给速度处理还包括对于机床允许的最低和最高速度限制,及数控机床的 CNC 软件的自动加减速处理。

5. 插补

零件加工程序程序段中的指令行程信息是有限的。如对于加工直线的程序段仅给定起、终点坐标;对于加工圆弧的程序段除了给定其起、终点坐标外,还给定其圆心坐标或圆弧半径。要进行轨迹加工,数控装置必须从一条已知起点和终点的曲线上自动进行"数据点密化"的工作,这就是插补。插补在每个规定的周期(插补周期)内进行一次,即在每个周期内,按指令进给速度计算出一个微小的直线数据段,通常经过若干个插补周期后,插补完一个程序段的加工,也就完成了从程序段起点到终点的"数据密化"工作。

由于直线和圆弧是构成零件轮廓的基本线型,因此 CNC 系统一般都具有直线插补和圆弧插补两种基本类型。部分机床还有螺旋线插补、二次曲线插补功能。

6. 位置控制

位置控制装置的主要工作是在每个采样周期内,将插补计算出的理论位置与实际反馈位置进行比较,得出其差值后,将之送入数控装置,与下一次插补运算的结果累加后输出,控制进给运动量。位置控制可由软件完成,也可由硬件完成。在位置控制中通常还要完成位置回路的增益调整,各坐标方向的螺距误差补偿和反向间隙补偿等,以提高机床的定位精度。

7. I/O 处理

数控系统的 I/O 处理是数控系统与机床之间的信息传递和变换的通道。其作用一方面是将机床运动过程中的有关参数输入到数控系统中;另一方面是将数控系统的输出命令(如换刀、主轴变速换挡、加冷却液等)变为执行机构的控制信号,实现对机床的控制。

8. 显示

数控系统的显示主要是为操作者提供方便,显示装置有 CRT 显示器或 LCD 数码显示器,一般位于机床的控制面板上。通常有零件程序的显示、参数的显示、刀具位置显示、机床状态显示、报警信息显示等。有的数控系统中还有刀具加工轨迹的静态和动态模拟加工图形显示等功能。

9. 诊断

诊断的任务就是监测机床的各种状态,并对出现的非正常状况进行可能的诊断、故障定位和修复。现代 CNC 都具有联机和脱机诊断的能力。联机诊断是指在系统运转条件下,CNC 中的自诊断程序,随时检查不正确的事件。脱机诊断是指在 CNC 系统不工作情况下,通过系统配备的各种脱机诊断程序,检查存储器、外设接口、I/O 接口等。脱机诊断还可采用远程通信方式,将用户的数控设备通过网络与远程通信诊断中心的设备连接,由诊断中心计算机对该设备进行诊断、故障定位和修复。

4.1.2　数控系统的功能

数控机床的系统硬件采用了微处理器、存储器、接口芯片等,再安装不同的软件就可以实现过去难以实现的许多功能。因此数控系统的功能要比过去的 NC 系统的功能丰富得多,更加适应了数控机床的复杂控制要求。

数控系统的功能通常包括基本功能和选择功能。基本功能是数控系统的必备功能,选择功能是供用户根据机床特点和用途进行选择的功能。CNC 装置的功能主要反映在准备功能 G 指令代码和辅助功能 M 指令代码上。

现以 FANUC$-$0i 数控系统为例简述其部分功能。

1. 坐标轴控制功能

坐标轴控制系统可以控制坐标轴的数目,指的是数控系统最多可以控制多少个坐标轴,其中包括直线轴和回转轴。基本直线坐标轴是 X,Y,Z 轴;基本回转轴坐标是 A,B,C 轴。联动轴数是指数控系统按照加工的要求可以同时控制运动的坐标轴的数目。如某型号的数控机床具有 X,Y,Z 三个坐标轴运动方向,而数控系统只能同时控制两个坐标(XY、YZ 或 XZ)方向的运动,则该机床的控制轴数为 3 轴(称为三轴控制),而联动轴数为 2 轴(称为两联动)。

坐标轴控制功能的强弱是指数控系统能够控制的,以及能够同时控制的轴的多少。坐标轴控制功能的强弱是控制装置的主要性能指标之一。一般数控车床只需 2 根同时控制轴,具有多刀架的机床上则需要两轴以上的控制轴。数控铣床、镗床和加工中心需要有 3 根或 3 根以上的控制轴,同时控制轴数按用途不同可以是 2 轴或 3 轴等。控制轴数越多,特别是同时控制轴数越多,数控系统的功能越强,同时数控系统就越复杂,编制零件加工程序也就越困难。

2. 准备功能

准备功能亦称 G 代码功能,其作用是指令机床的动作方式。包括的指令有:基本移动、程序暂停、平面选择、坐标设定、刀具补偿、基准点返回、米英制转换、子程序调用等。

3. 固定循环功能

用数控机床加工零件时,一些典型的加工工序,如数控车床上的车削外圆、端面、圆锥面、镗孔、车螺纹,数控铣床与加工中心上的钻孔、攻螺纹、镗孔、深孔钻削和切螺纹等,所需完成的动作循环十分典型,而且多次重复进行,可将这些典型动作预先编好程序并存储在存储器中,用 G 代码进行指令。在加工时可直接使用这类 G 代码完成这些典型的动作循环,可大大简化编程工作。

4. 插补功能

插补功能是数控系统实现零件轮廓(平面或空间)加工的轨迹运算功能。因此实际的数控系统插补功能分为粗插补和精插补。插补的种类有直线插补、圆弧插补、抛物线插补、极坐标插补、螺旋线插补等。

5. 进给功能

进给功能是指数控系统对进给速度的控制功能,用 F 代码直接指令各轴的进给速度。

(1)切削进给速度。这是指刀具相对工件的运动速度,一般进给速度为 1mm/min～24m/min。在选用系统时,该指标应该和坐标轴移动的分辨率结合起来考虑,如 24m/min 的速度是在分辨率为 1μm 时达到的。

(2)同步进给速度。这是指进给轴每转的进给量,单位为 mm/r。在加工螺纹时,主轴的旋转与进给运动必须保持一定的运行关系。例如,车削等螺距时,主轴每旋转一周,其运动方向(Z 或 X)必须严格位移一个螺距或导程。只有主轴上装有位置编码器的机床才能指令同步进给速度。其控制方法是通过检测主轴转速及角位移原点的元件与数控装置相互进行脉冲信号的传递而实现的。

(3)进给倍率(进给修调率)。人工实时修调进给速度,即通过面板的倍率波段开关,在 0～200% 之间对预先设定的进给速度实现实时调整。使用倍率开关不用修改程序就可以改变进给速度。

6. 主轴功能

主轴功能是指数控装置对主轴的控制功能,主要有以下几种。

(1)恒线速度控制。在车削表面粗糙度较高的的变径表面,如端面、圆锥面及其任意曲线构成的旋转面时,车刀刀尖切削速度(角速度)必须随着刀尖所处直径的不同位置而相应地自动调整变化,以保持线速度恒定。

(2)最高转速控制。当采用 G96 指令加工变径表面时,由于刀尖所处的直径在不断变化,当刀尖接近工件轴线位置时,因其直径接近零,线速度又规定为恒定值,主轴转速将会急剧升高。为避免因转速过高而发生事故,该系统规定可用 G50 指令限定其恒线速度中的最高转速。

(3)主轴准停功能。主轴准停功能在数控机床中应用广泛。例如,自动换刀的数控镗床或铣床,切削转矩通常是通过主轴上的端面键和刀柄上的主轴键槽来传递的,因此每一次自动换刀时,都必须使刀柄上的键槽对准主轴的端面键,因而要求有准停功能。在镗削加工中,退刀时,要求刀具向刀尖反方向径向移动一段距离后才能退出,以免划伤工件。在加工精密孔系时,若每次都能在主轴固定的圆周位置上换刀,就能保证刀尖与主轴相对位置的一致性,从而减少被加工孔的尺寸的分散度。

(4)切削倍率(主轴修调率)。实现人工实时修调切削速度的功能。即通过面板的倍率波段开关,在 0～200% 之间对预先设定的主轴速度实现实时修调。

7. 辅助功能

辅助功能用来规定主轴的起、停,冷却液的开、关等。其指令用地址 M 和其后的两位数字表示,在 ISO 标准中,可有 M00 至 M99 共计 100 种指令。

8. 刀具管理功能

刀具管理功能即实现对刀具几何尺寸和刀具寿命、刀具号管理的功能。加工中心都应具有此功能。刀具几何尺寸是指刀具的半径和长度,这些参数供刀具补偿功能使用;刀具寿命一般是指时间寿命,当某刀具的时间寿命到期时,CNC 系统将提示用户更换刀具;另外,CNC 装置都具有 T 功能,即刀具号管理功能,它用于标识刀库中的刀具和自动选择加工刀具。

9．补偿功能

（1）刀具半径和长度补偿功能。该功能按零件轮廓编制的程序去控制刀具中心的轨迹，以及在刀具磨损或更换时（刀具半径和长度变化），可对刀具半径或长度作相应的补偿。该功能由 G 指令实现。

（2）传动链误差补偿功能。包括螺距误差补偿和反向间隙误差补偿功能，即事先测量出螺距误差和反向间隙，并按要求输入到 CNC 装置相应的储存单元内。在坐标轴正向运行时，对螺距误差进行补偿；在坐标轴反向运行时对反向间隙进行补偿。

（3）智能补偿功能。对诸如机床几何误差造成的综合加工误差、热变形引起的误差、静态弹性变形误差以及由刀具磨损所带来的加工误差等，都可采用现代先进的人工智能、专家系统等技术建立模型，利用模型实施在线智能补偿，这是数控技术正在发展的技术。

10．人—机对话功能

在 CNC 装置中配有单色或彩色 CRT，通过软件可实现字符和图形的显示，以方便用户的操作和使用。在数控系统中这类功能有：菜单结构的操作界面，零件加工程序的编辑环境，系统和机床参数、状态、故障的显示、查询或修改画面等。

11．自诊断功能

一般的 CNC 装置或多或少都具有自诊断功能，尤其是现代的数控系统，这些自诊断功能主要是用软件来实现的。具有此功能的数控系统可以在故障出现后迅速查明故障的类型及部位，便于及时排除故障，减少故障停机时间。

通常不同的 CNC 装置所设置的诊断程序不同，可以包含在系统程序之中，在系统运行过程中进行自检，也可以作为服务程序，在系统运行前或故障停机后进行诊断，查找故障的部位，有的数控系统可以进行远程通信诊断。

12．通信功能

通信功能即数控系统与外界进行信息和数据交换的功能。通常数控系统都具有 RS232 接口、RS485 接口，可与上级计算机进行通信，传送零件加工程序，有的还备有 DNC 接口，以实现直接数控，部分车床还可通过自带网卡来接入因特网。更高档的系统还可与 MAP（制造自动化协议）相连，以适应 FMS，CIMS，IMS 等大型制造系统的要求。

13．在线编程功能

此功能可以在数控加工过程中进行程序编辑，减少了占用机时。在线编程时使用的自动编程软件有人机交互式自动编程系统等。

数控系统的功能多种多样，而且随着技术的发展，功能越来越丰富。其中的控制功能、插补功能、准备功能、主轴功能、进给功能、刀具功能、辅助功能、自诊断功能、人机对话功能等属于基本功能，而补偿功能、固定循环功能、通信功能等则属于选择功能。

4.1.3　数控系统的硬件结构

数控系统的核心是计算机，即由计算机通过执行其存储器内的程序，来实现部分或全部数控功能。也就是说，数控系统由硬件和软件两大部分组成，硬件是软件活动的舞台，也是其物理基础，而软件是整个系统的灵魂，数控系统的活动均依靠系统软件来指挥。由于采用了功能实施软件，因而使得数控系统的性能和可靠性大大提高。

随着微机技术的高速发展，微处理器的集成度越来越高，功能越来越强，而价格却相对较低。这一方面使得多微机系统得到广泛运用,另一方面使得硬件设计变得相对简单。所以,数控系统研制开发工作更多地投入到软件中。由于软件可以实现复杂的信息处理和高质量的控制,因此,哪些控制功能由硬件电路实现,哪些由软件来实现,这是数控系统结构设计的一个主要问题。总的趋势是,能用软件完成的功能一般不用硬件来完成;能用微处理器来控制的尽量不用硬件电路来控制。各个功能模块之间的联系越少越好,应相对独立。因此,在微机系统中,同一功能模块中的 CPU 采用紧耦合方式,各个功能模块的处理器之间较多采用松耦合结构,各个微处理器有自己独立的存储器和控制程序,各自完成自身的任务。

数控系统的工作是在硬件的支持下,执行软件的全过程。软件和硬件各有不同的特点:软件设计灵活,适应性强,但处理速度慢;硬件处理速度快,但成本高。因此,在数控系统中,数控功能的实现方法大致分为 3 种情况:第一种情况是由软件完成输入及插补前的准备,硬件完成插补和位控;第二种情况则是由软件完成输入、插补准备、插补及位控的全部工作;第三种情况由软件负责输入、插补前的准备及插补工作,硬件仅完成对位置的控制。

1. 物理结构

与一般的计算机系统一样,数控系统也是由硬件和软件两大部分组成的。它一方面具有一般微型计算机的基本结构,另一方面又具有数控机床完成特有功能所需的功能模块和接口单元。根据其安装形式、插件布局等硬件物理结构的不同,数控系统可以分为专用型数控系统和基于个人计算机的数控系统两大类。

专用型数控系统的硬件和软件都是针对数控机床的应用而专门设计的,其键盘布局、操作方法和安装形式都比较特别,更便于现场操作和安装,可靠性和抗干扰能力也比较强。在一台通用微机上加装控制卡和 I/O 接口卡并运行数控系统软件,即可构成基于 PC 的数控系统。与专用数控系统相比,这种数控系统成本低,通用性强。

2. 逻辑结构

根据数控系统内部逻辑电路结构的不同,又可以将数控系统分为单 CPU 结构和多 CPU 结构两大类。

(1)单 CPU 结构。所谓单 CPU 结构,即采用一个 CPU 来控制,分时处理各个任务。单 CPU 结构 CNC 装置的系统组成如图 4 - 2 所示。系统以 CPU 为核心,存储器(RAM,EPROM)及各种接口通过总线与 CPU 相连。数控系统的系统程序通常存放在只读存储器 EPROM 中,运算的中间结果存放在随机存储器 RAM 中,零件加工程序、数据和参数存放在 RAM 中,断电后信息仍能保存。

数控系统工作时,在系统程序的控制下,从 MDI/CRT 接口或者串行通信接口输入零件加工程序并将其存储到 RAM 中,然后进行译码、插补等处理,实现辅助动作的控制并使零件程序的执行同步。

微处理器(CPU)是数控系统硬件的核心,CPU 执行系统程序,首先读取工件加工程序,对加工程序段进行译码和数据处理,然后根据处理后得到的指令,实现对该加工程序段的实时插补和机床位置伺服控制;它还将辅助动作指令通过可编程控制器(PLC)送到机床,同时接收由 PLC 返回的机床各部分信息并予以处理,以决定下一步的操作。

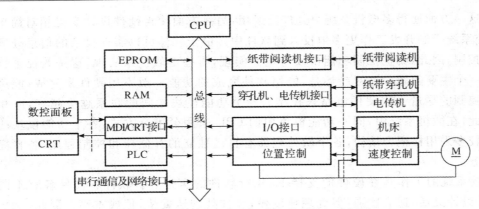

图 4-2 单 CPU 结构 CNC 装置的系统组成框图

位置控制单元接收插补运算得到的每一个坐标轴在单位时间间隔内位移量,控制伺服电机工作,并根据接收到的实际位置反馈信号,修正位置指令,实现机床运动的准确控制。同时产生速度指令送往速度控制单元。

速度控制单元将速度指令与速度反馈信号相比较,修正速度指令,用其差值去控制伺服电机以恒定速度运转。

数据输入/输出接口与外围设备是数控系统与操作者之间交换信息的桥梁。如通过 MDI 方式或串行通信,可以将工件加工程序送入数控系统;通过 CRT 显示器,可以显示工件的加工程序和其他信息。

总线是 CPU 与各组成部件、接口等之间的信息公共传输线,包括控制、地址和数据三总线。传输信息的高速度和多任务性,使总线结构和标准也在不断发展。

数控系统中的存储器包括只读存储器和随机存储器两类。系统程序存放在只读存储器 EPROM 中;运算的中间结果、需显示的数据、运行中的状态、标志信息等存放在随机存储器 RAM 中;加工的零件程序、机床参数、刀具参数存放在磁泡存储器中。

(2)多 CPU 结构。所谓多 CPU 结构,是指 CNC 装置中有两个或两个以上的 CPU,分别控制数控系统的各个功能模块,各个 CPU 之间采用松耦合,资源共享,由集中的多重操作系统有效地实现并行处理。

多 CPU 结构一般采用共享总线的互连方式。在这种互连方式中,根据具体情况将系统划分为多个功能模块,各模块通过系统总线相互连接。

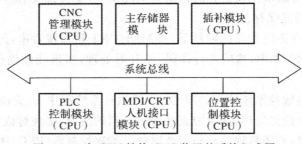

图 4-3 多 CPU 结构 CNC 装置的系统组成图

典型的多 CPU 结构数控系统的组成框图如图 4-3 所示,它一般由以下几种功能模块

组成:

1)CNC 管理模块。该模块用来管理和组织整个数控系统的工作,如系统的初始化、中断管理、系统出错的识别和处理。

2)插补模块。该模块完成零件程序的译码、刀具尺寸补偿、坐标位移量的计算和进给速度处理等插补前的预处理,然后进行插补计算,为各坐标轴提供位置给定值。

3)位置控制模块。该模块将插补后的坐标位置给定值与位置检测器测得的实际值进行比较,进行自动加减速、回基准点、伺服系统滞后量的监视和漂移补偿等处理,最后输出速度控制的模拟电压信号,经过伺服驱动装置使进给电动机运转。

4)PLC 控制模块。零件程序中的辅助开关功能和来自机床的开关信号都在这个模块中进行处理,实现各功能操作方式之间的连锁控制。

5)人机接口模块。该模块用于操作控制以及数据的输入、输出和显示,包括零件程序、参数和数据、各种操作命令的输入和输出,显示所需要的加工信息等。

6)主存储器模块。该模块是系统的主存储器,主要用来存放程序和数据,也可作为各功能模块间数据传输的共享存储器。

在上述各含有 CPU 的控制模块中,都有各自的局部存储器,用来存放各自的功能程序和局部数据。

在共享总线结构中,将各功能模块插在配有总线插座的机框内,由系统总线把各个模块有效地连接在一起,按照要求交换各种控制指令和数据,实现各种预定的功能。

在系统中带 CPU 的称为主模块,不带 CPU 的称为从模块。只有主模块有权控制和使用系统总线。但对于同时有多个主模块请求使用总线的情况,则由总线仲裁器根据预先排好的优先级别的顺序来判别出各模块的优先权高低。

4.1.4 数控系统的软件结构

1. 数控系统的多任务性

数控系统是一个多任务的专用实时控制系统,应能对信息快速处理和响应。这个实时系统包括受控系统和控制系统两大部分。受控系统由硬件设备组成,如电动机及其驱动;控制系统由软件及其支持硬件组成,共同完成数控的基本功能。

数控系统的软件是为了实现数控系统的各项功能而编制的专用软件,称为系统软件。在系统软件的控制下,数控系统对输入的加工程序自动进行处理并发出相应的控制指令。系统软件由管理软件和控制软件两部分组成,如图

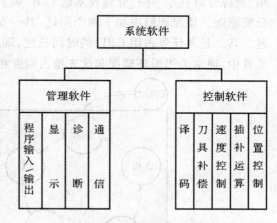

图 4-4 数控系统软件的组成

4-4所示。管理软件包括零件加工程序的输入和输出、I/O 处理、系统的显示和诊断能力;控制软件可完成从译码、刀具补偿、速度处理到插补运算和位置控制等方面的工作。

数控系统软件的这两大部分经常是同时工作的。例如,在加工零件的同时要求数控系统能显示其工作状态,如零件程序的执行过程、参数变化和刀具运动轨迹等,以方便操作者观测。

这样在控制软件运行时管理软件中的显示模块也必须同时运行,即在各程序段之间无停顿。译码、刀具补偿和速度处理必须与插补同时进行。因此,数控系统的软件具有多任务的特点。图 4-5 表示了数控系统软件任务的并行处理关系,具有并行处理的两个模块之间用双向箭头表示。

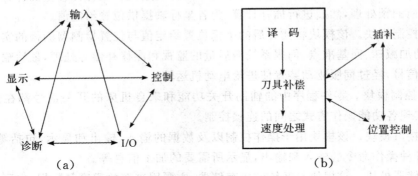

图 4-5 多任务并行处理关系图

2. 多任务并行处理

并行处理是指软件系统在同一时刻或同一时间间隔内完成两个或两个以上任务处理的方法。采用并行处理技术的目的是为了提高数控系统的资源的利用率和系统的处理速度。

并行处理的实现方式和数控系统的硬件结构密切相关。在数控系统中常采用的并行处理的方法有以下两种。

(1)资源分时共享并行处理。对单 CPU 装置,采用"分时"来实现多任务的并行处理(见图 4-6),其方法:在一定的时间长度(通常称为时间片)内,根据系统各任务的实时性要求程度,规定它们占用 CPU 的时间,使它们按规定顺序和规则分时共享系统的资源。因此,在采用"资源分时共享"并行处理技术的 CNC 装置中,首先要解决各任务占用 CPU(资源)时间的分配原则。该原则解决如下两个问题:其一是各任务何时占用 CPU,即任务的优先级分配问题。其二是各任务占用 CPU 的时间长度,即时间片的分配问题。一般地,在单 CPU 的 CNC 装置中,通常采用循环调度和优先抢占调度相结合的方法来解决上述问题。

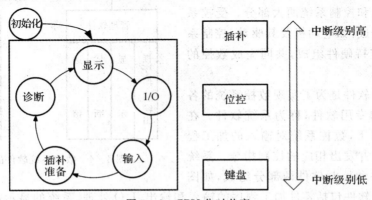

图 4-6 CPU 分时共享

各个任务在运行中占用 CPU 时间如图 4-7 所示。在图中,粗实线表示任务对 CPU 的中断请求;两粗实线之间的长度表示该任务的执行周期;不同颜色深度的阴影部分表示各个任务占用 CPU 的时间长度。由图可以看出:在任何一个时刻只有一个任务占用 CPU;从一个时间片(如 8ms 或 16ms)来看,CPU 并行地执行了 3 项任务。

因此,资源分时共享的并行处理只具有宏观上的意义,即从微观上来看,各个任务还是顺序执行的。

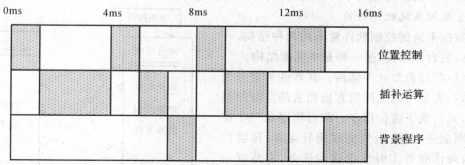

图 4-7　各任务占用 CPU 时间

(2)并发处理和流水处理。在多 CPU 结构的数控系统中,根据各个任务之间的关联程度,可采用以下两种策略来提高系统处理速度:① 如果任务之间的关联程度不高,则可将这些任务分别安排一个 CPU,让其同时执行,即所谓的"并发处理";② 如果各个任务之间的关联程度较高,即一个任务的输出是另一个任务的输入,则可采取流水处理的方法来实现并行处理。

流水处理技术是利用重复的资源(CPU),将一个大的任务分成若干个子任务(任务的分法与资源重复的多少有关),这些子任务是彼此关联的,然后按一定的顺序安排每个资源执行一个任务,就像在一条生产线上分不同工序加工零件的流水作业一样。

当数控系统处在 NC 工作方式时,其数据的转换过程将由零件程序输入、插补准备(包括译码、刀具补偿和速度处理)、插补运算和位置控制四个子过程组成。如果每个子过程的处理时间分别为 $\Delta t_1, \Delta t_2, \Delta t_3, \Delta t_4$,那么一个程序段的数据转换时间 $t_1 = \Delta t_1 + \Delta t_2 + \Delta t_3 + \Delta t_4$。如果以顺序方式处理每个零件程序段,即第一个程序段处理完以后再处理第二个程序段,那么在两个程序段的输出之间将有一个时间长度为 t_1 的间隔。同样,在第二个程序段与第三个程序段的输出之间也会有时间间隔,依此类推。

而对于重叠的执行方式,是指当现行程序段尚未执行完毕,就去取后续指令。因为在取出第 N_1 条指令执行时,存储器已经空闲,可以提前去取第 N_2 条指令。这样,第 N_1 条指令的执行周期便与第 N_2 条指令的取指周期重叠,使其相应的操作并行执行。两个程序段之间有一个 $t_2 = \Delta t_1 + \Delta t_2 + \Delta t_3$ 的时间间隔。以上两种指令执行方式反映在电动机上就是电动机的时转时停,反映在刀具上就是刀具的时走时停,这都是加工工艺所不允许的。消除这种现象的办法就是使用流水处理技术。

流水执行方式是重叠执行方式的引申,它仍基于并行重叠工作原理,但重叠程度进一步提高。它是将一条指令的执行过程分解为多个子过程(程序输入、插补准备、插补运算、位置控制),每个子过程由独立的功能部件完成,从而构成一条流水线。指令流水执行方式的时间—空间关系如图

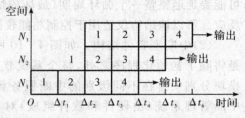

图 4-8　时间重叠流水处理方式

4-8所示。指令序列1,2,3,4相继进入流水线,当第N_1条指令的指令序列1从程序输入站流出进入插补准备站时,第N_2条指令的指令序列1立即进入程序输入站……经过流水处理后,虽然一条指令的执行速度并没有提高,但提高了指令序列的执行速度。亦即从时间Δt_4开始,每个程序段的输出之间不再有间隔,从而保证了电动机和刀具工作的连续性。

3.数控系统软件结构

数控系统的控制软件常采用两种结构,一种是前后台型结构,另一种是中断型结构。

(1)前后台型软件结构。其软件可划分为两类,一类是与机床控制直接相关的实时控制部分,其构成了前台程序。前台程序是一个实时中断服务程序,主要完成插补运算、位置控制、故障诊断等实时性很强的任务,它是以一定周期定时发生的,中断周期一般小于10ms。另一类是循环执行的主程序,称为后台程序。后台程序又称背景程序,完成显示、零件加工

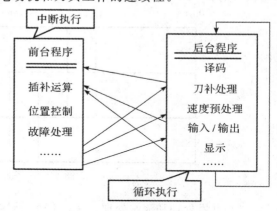

图4-9 前后台型软件结构

程序的编辑管理、系统的输入/输出、插补预处理(译码、刀补处理、速度预处理)等弱实时性的任务,它是一个循环运行的程序,其在运行过程中,不断地定时被前台中断程序所打断,前后台相互配合来完成零件的加工任务。前后台程序的结合构成了数控系统的系统软件。图4-9所示为前后台型软件的执行过程。

在前后台型软件结构中,后台程序完成协调管理、数据译码、数据预处理以及显示坐标等无实时性要求的任务,而前台程序完成机床监控、操作面板扫描、插补计算、位置控制以及PLC可编程序控制器功能等实时控制。前后台软件的同步与协调以及前后台软件中各功能模块之间的同步,通过设置各种标志位来实现。由于每次中断发生时前后台程序响应的途径不同,因此执行时间也不同,但最大执行时间必须小于中断周期,而两次中断之间的时间正是用来执行背景主程序的。

这种结构采用的任务调度机制是优先抢占调度和顺序调度。前台程序的调度是优先抢占式的;前台和后台程序内部各子任务采用的是顺序调度。前台和后台程序之间以及内部各子任务之间的信息交换是通过缓冲区实现的。

这种结构在前台和后台程序内无优先等级,也无抢占机制,因而实时性差。例如,当系统出现故障时,有时可能要延迟整整一个循环周期(最坏的情况)才能做出反应。所以该结构仅适用于控制功能较简单的系统。

(2)中断型软件结构。如图4-10所示,这种结构是将除了初始化程序之外,整个系统软件的各个任务模块分别安排在不同级别的中断服务程序中,然后由中断管理系统(由硬件和软件组成)对各级中断服务程序实施调度管理。整个软件就是一个大的中断管

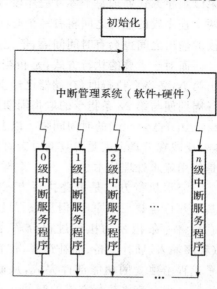

图4-10 中断型软件结构

理系统。

该结构中任务的调度采用的是优先抢占调度。各级中断服务程序之间的信息交换是通过缓冲区进行的。由于系统的中断级别较多(最多可达 8 级),可将强实时性任务安排在优先级较高的中断服务程序中,因此这类系统的实时性好。但模块的关系复杂,耦合度大,不利于对系统的维护和扩充。20 世纪 80 年代至 90 年代初的数控系统大多采用的是这种结构。

4.2　数控系统插补算法

【考试知识点】

(1)插补的概念;

(2)脉冲增量法插补原理;

(3)脉冲增量法第一象限直线插补计算;

(4)数据采样法工作原理。

在实际加工中,被加工工件的轮廓形状千差万别,严格说来,为了满足几何尺寸精度的要求,刀具中心轨迹应该准确地依照工件的轮廓形状来生成。这样,对于简单的曲线数控系统可以比较容易实现,但对于较复杂的形状,若直接生成会使算法变得很复杂,计算机的工作量也相应地大大增加。因此,实际应用中,常采用一小段直线或圆弧去进行拟合就可满足精度要求(也有需要抛物线和高次曲线拟合的情况),这种拟合方法就是"插补"。

所谓插补就是指数控系统以一定的方法来确定刀具运动轨迹的过程,即进行数据的密化。一般可以从零件图样上,根据加工零件的有限坐标(直线的起点和终点,圆弧的起点、终点、圆心和半径),零件轮廓的加工特征、刀具参数、进给速度和进给方向的要求等,运用一定的计算法,自动地在轮廓的起点和终点之间计算出若干中间点的坐标值,从而自动地对各坐标轴进行脉冲分配,完成整个轮廓的轨迹运行,这就是插补完成的任务。

在对加工路径进行数据密化的过程中,由于每个中间点计算所需要的时间直接影响到系统的控制速度,而每个插补中间点的计算精度又影响到整个系统的控制精度,所以插补算法对整个数控系统的性能指标至关重要,可以说插补是整个数控系统控制软件的核心。

数控机床的插补方法分为两类:脉冲增量法和数据采样法。

脉冲增量插补是行程标量插补,每次插补结束产生一个行程增量,以脉冲的方式输出。这种插补算法主要应用在开环数控系统中,在插补计算过程中不断向各坐标轴发出互相协调的进给脉冲,驱动电机运动。

数控机床在加工过程当中,CNC 装置发出一个脉冲,机床移动部件的相应的位移量叫作脉冲当量。脉冲当量是脉冲分配的基本单位,按机床设计的加工精度选定,普通精度的机床一般取脉冲当量为 0.01mm,较精密的机床为 0.005mm,0.001mm。移动部件的运动就是按照一个一个脉冲当量步进移动的。

采用脉冲增量插补算法的数控系统,其坐标轴进给速度主要受插补程序运行时间的限制,一般为 1～3m/min。

数据增量插补法是按照编程给定的进给速度,将轮廓曲线分割成在一固定的时间(称为插补周期)进行一次插补运算,其输出的不是脉冲,而是数据。计算机定时地对反馈回路采样,得到采样数据与插补程序所产生的指令数据相比较后,以误差信号输出,驱动伺服电动机。此法还可称为数据采样插补法。每一采样时间称为采样周期,插补周期可以与采样周期相同,也可以是采样周期的整数倍。该方法用在闭环和半闭环数控系统中。

4.2.1 逐点比较法

逐点比较法最初称为区域判别法,或代数运算法,或醉步式近似法。这种方法的原理:刀具在进给过程中,不断比较刀具与被加工零件轮廓之间的相对位置,并根据比较结果决定下一步进给方向,使刀具向减小偏差的方向进给。具体说来,每走一步都要和给定的轨迹上的坐标值进行一次比较,使该点在给定轨迹的上方或下方,或在给定轨迹的里面或外面,从而决定下一步的进给方向,使之趋近加工轨迹。

采用折线来逼近直线或圆弧曲线时,实际轨迹与给定的直线和圆弧之间的最大误差不超过一个脉冲当量,因此只要将脉冲当量,即坐标轴进给一步的距离取得足够小,就可满足加工精度的要求。

逐点比较法既可以实现直线插补也可以实现圆弧等曲线插补,它的特点是运算直观,插补误差小于一个脉冲当量,输出脉冲均匀,速度变化小,调节方便,因此在两个坐标开环的数控系统中应用比较普遍。但这种方法不能实现多轴联动,其应用范围受到了很大限制。

1.逐点比较法直线插补

假定加工如图 4-11 所示第 I 象限的直线 OA,起点与终点已知。取直线的起点为坐标原点,直线终点为 $A(x_e, y_e)$,加工点(动点)为 $P(x_i, y_i)$,见图 4-11。

若 P 点在直线 OA 上,则根据相似三角形的关系可得

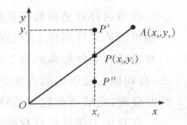

$$\frac{y_i}{x_i} = \frac{y_e}{x_e}$$

$$y_i x_e - y_e x_i = 0$$

图 4-11 逐点比较直线插补

若 P 点在直线 OA 上方,则

$$\frac{y_i}{x_i} > \frac{y_e}{x_e}$$

$$y_i x_e - y_e x_i > 0$$

若 P 点在直线 OA 下方,则

$$\frac{y_i}{x_i} < \frac{y_e}{x_e}$$

$$y_i x_e - y_e x_i < 0$$

因此,可构建直线插补的偏差判别函数为

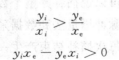

$$F_i = y_i x_e - y_e x_i \tag{4-1}$$

根据偏差判别函数,可判别动点与直线的相对位置关系。

若 $F_i > 0$,则表明 P 点在直线 OA 上方,下一步应向 $+X$ 轴方向运动;

若 $F_i < 0$,则表明 P 点在直线 OA 下方,下一步应向 $+Y$ 轴方向运动;

若 $F_i = 0$,则表明 P 点在直线 OA 上,为使运动继续下去,规定刀具应向 $+X$ 轴方向进给一步;

若 $F_i \geqslant 0$ 时,刀具向 $+X$ 轴方向进给一步,则此时的坐标为 $x_{i+1} = x_i + 1$, $y_{i+1} = y_i$,则新加工点的偏差为

$$F_{i+1} = y_{i+1}x_e - y_e x_{i+1} = y_i x_e - y_e(x_i + 1) = y_i x_e - y_e x_i - y_e = F_i - y_e \qquad (4-2)$$

规定当 $F < 0$ 时,刀具应向 $+Y$ 轴方向进给一步,以逼近给定直线,此时坐标值为 $x_{i+1} = x_i$, $y_{i+1} = y_i + 1$,则新加工点的偏差为

$$F_{i+1} = y_{i+1}x_e - y_e x_{i+1} = (y_i + 1)x_e - y_e x_i = y_i x_e + x_e - y_e x_i = F_i + x_e \qquad (4-3)$$

进给一步后,由前一点的加工偏差和终点坐标 (x_e, y_e) 可计算出新加工点的偏差,再根据新加工点偏差判别式的符号决定下一步的走向。如此下去,直到两个方向的坐标值与终点坐标 (x_e, y_e) 相等,发出终点到达信号,该直线段插补结束。

从上述过程可以看出,逐点比较法中刀具每进给一步都要完成以下 4 项内容。

(1)偏差符号判别。即判断当前点的偏差函数值 F 是否大于 0,等于 0 或小于 0。

(2)坐标进给。当 $F \geqslant 0$ 时,向 $+X$ 轴方向前进一步;当 $F < 0$ 时,向 $+Y$ 轴方向前进一步。

(3)新偏差计算。计算公式为式(4-2)和式(4-3)。

(4)终点判别。第一种方法计算出 X 轴和 Y 轴方向坐标所要进给的总步数,即 $\Sigma = (\mid x_e \mid - x_0) + (\mid y_e \mid - y_0) = \mid x_e \mid + \mid y_e \mid$,每向 X 轴或 Y 轴方向进给一步,均进行 Σ 减 1 计算,当 Σ 减至零时即到终点,停止插补。

第二种方法是分别求出应进给的步数,即 $\mid x_e \mid$ 和 $\mid y_e \mid$ 的值,沿 X 轴方向进给一步,即 $\mid x_e \mid$ 减 1,沿 Y 轴方向进给一步,即 $\mid y_e \mid$ 减 1,当 $\mid x_e \mid$ 和 $\mid y_e \mid$ 都为零时,即达到终点,停止插补。

上面介绍的是第一象限的插补过程。对于其他象限的直线进行插补时,可以用相同的原理获得,图 4-12 中给出了 4 个象限的直线插补时,偏差和进给脉冲方向。计算时,终点坐标 x_e, y_e 和加工点坐标均取绝对值。

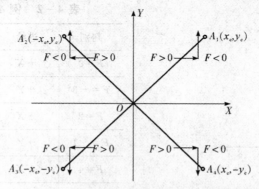

图 4-12　4 个象限直线偏差符号和进给方向

逐点比较法直线插补可以用硬件实现,也可以用软件实现。用硬件实现时,采用两个坐标寄存器 (x_e, y_e)、偏差寄存器 (F_i)、加法器、终点判别器等组成逻辑电路即可实现逐点比较法的直线插补。用软件实现插补的程序框图如图 4-13 所示。直线插补计算公式及进给方向

见表 4-1。

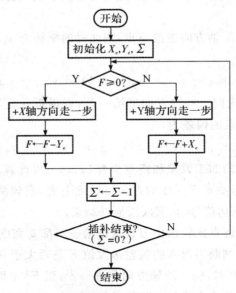

图 4-13 直线插补计算流程图

表 4-1 直线插补计算公式及进给方向

$F_1 \geqslant 0$			$F_1 < 0$		
直线坐标	进给方向	偏差计算	直线坐标	进给方向	偏差计算
OA_1, OA_4	$+x$ 轴	$F_{i+1} = F_i - y_e$	OA_1, OA_2	$+y$ 轴	$F_{i+1} = F_i + x_e$
OA_2, OA_3	$-x$ 轴		OA_3, OA_4	$-y$ 轴	

例 4-1 加工图 4-14 所示直线 OA,起点坐标为 $(0,0)$,其终点坐标为 $x_e = 5$, $y_e = 3$,则终点判别值可取为 $E_8 = x_e + y_e = 5 + 3 = 8$。加工过程的运算节拍见表 4-2。

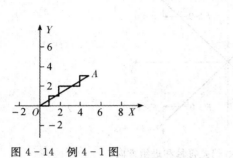

图 4-14 例 4-1 图

表 4-2 例 4-1 直线插补计算过程

判别	进给	运算	比较
$F=0$	$+X$	$F=-3$	$E=7$
$F=-3$	$+Y$	$F=2$	$E=6$
$F=2$	$+X$	$F=-1$	$E=5$
$F=-1$	$+Y$	$F=4$	$E=4$
$F=4$	$+X$	$F=1$	$E=3$
$F=1$	$+X$	$F=-2$	$E=2$
$F=-2$	$+Y$	$F=3$	$E=1$
$F=3$	$+X$	$F=0$	$E=0$

2. 逐点比较法圆弧插补

逐点比较圆弧插补通常是以圆心为原点,以加工点到圆心的距离与圆弧半径之差作为偏差,来判断动点的相对位置。

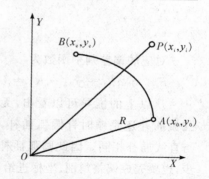

图 4-15　逐点比较法圆弧插补原理

以第一象限圆弧为例,如图 4-15 所示,圆弧起点坐标为 (X_0, Y_0),终点坐标为 (X_e, Y_e),圆上任意点坐标为 (X_i, Y_i)。

圆弧插补的偏差计算公式为

$$F_i = L^2 - R^2 = x_i^2 + y_i^2 - R^2$$

根据加工点所在的区域不同有以下 3 种情况:

当 $F_i = 0$ 时,表明加工点 P 在圆弧上;

当 $F_i > 0$ 时,表明加工点 P 在圆弧外;

当 $F_i < 0$ 时,表明加工点 P 在圆弧内。

圆弧插补分顺时针圆弧插补和逆时针圆弧插补,两种情况下偏差计算和坐标进给均不相同,下面分别加以介绍。

(1)逆时针圆弧插补(见图 4-16)。$F_i \geqslant 0$ 时,动点向 $-X$ 轴方向进给一步,则有

$$x_{i+1} = x_i - 1$$
$$y_{i+1} = y_i$$

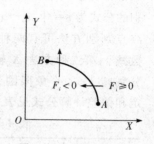

图 4-16　第一象限逆圆插补

对应的偏差判别函数为

$$F_{i+1} = x_{i+1}^2 + y_{i+1}^2 - R^2 = (x_i - 1)2 + y_i^2 - R^2 = $$
$$x_i^2 - 2x_i + 1 + y_i^2 - R^2 = F_i - 2x_i + 1$$

$F_i < 0$ 时,动点向 $+Y$ 轴方向进给一步,则有

$$x_{i+1} = x_i$$
$$y_{i+1} = y_i + 1$$

对应的偏差判别函数为

$$F_{i+1} = x_{i+1}^2 + y_{i+1}^2 - R^2 = x_i^2 + (y_i + 1)2 - R^2 = $$
$$x_i^2 + y_i^2 + 2y_i + 1 - R^2 = F_i + 2y_i + 1$$

(2)顺时针圆弧插补(见图 4-17)。$F_i \geqslant 0$ 时,动点向 $-Y$ 轴方向进给一步,则有

$$x_{i+1} = x_i$$
$$y_{i+1} = y_i - 1$$

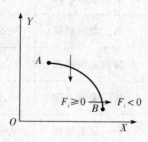

图 4-17　第一象限顺圆插补

对应的偏差判别函数为

$$F_{i+1} = x_{i+1}^2 + y_{i+1}^2 - R^2 = x_i^2 + (y_i - 1)^2 - R^2 = $$
$$x_i^2 + y_i^2 - 2y_i + 1 - R^2 = F_i - 2y_i + 1$$

$F_i < 0$ 时,动点向 $+X$ 轴方向进给一步,则有

$$x_{i+1} = x_i + 1$$

$$y_{i+1} = y_i$$

对应的偏差判别函数为

$$F_{i+1} = x_{i+1}^2 + y_{i+1}^2 - R^2 = (x_i + 1)2 + y_i^2 - R^2 = x_i^2 + 2x_i + 1 + y_i^2 - R^2 = F_i + 2x_i + 1$$

从以上的推导可以看出,无论逆时针圆弧插补还是顺时针圆弧插补,其原理都与直线插补相同。因此圆弧插补每进给一步,也要完成偏差判别、坐标进给、新偏差计算和终点判别四项内容,只是偏差计算公式、进给方向(见图 4 - 18)和终点判别步数 N 的计算公式与直线插补不一样。终点判别的公式为 $n = | x_e - x_0 | + | y_e - y_0 |$,终点判别方法可有两种:第一种方法总步数减 1;第二种方法 X 轴和 Y 轴方向步数分别减 1。4 个象限圆弧插补进给方向判定和偏差计算公式见表 4 - 3。

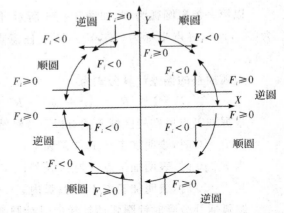

图 4 - 18　4 个象限圆弧插补的进给方向

表 4 - 3　四象限圆弧插补进给方向判定和偏差计算公式

进给方向判别			偏差计算公式
线　型	$F_i \geqslant 0$	$F_i < 0$	
第一象限顺圆	$-\Delta Y$	$+\Delta X$	$F_i \geqslant 0$ 时, $$F_{i+1} = F_i - 2y_i + 1$$ $$x_{i+1} = x_i \qquad y_{i+1} = y_i - 1$$
第三象限顺圆	$+\Delta Y$	$-\Delta X$	
第二象限逆圆	$-\Delta Y$	$-\Delta X$	$F_i < 0$ 时, $$F_{i+1} = F_i + 2x_i + 1$$ $$x_{i+1} = x_i + 1 \qquad y_{i+1} = y_i$$
第四象限逆圆	$+\Delta Y$	$+\Delta X$	
第二象限顺圆	$+\Delta X$	$+\Delta Y$	$F_i \geqslant 0$ 时, $$F_{i+1} = F_i - 2x_i + 1$$ $$x_{i+1} = x_i - 1 \qquad y_{i+1} = y_i$$
第四象限顺圆	$-\Delta X$	$-\Delta Y$	
第一象限逆圆	$-\Delta X$	$+\Delta Y$	$F_i < 0$ 时, $$F_{i+1} = F_i + 2y_i + 1$$ $$x_{i+1} = x_i \qquad y_{i+1} = y_i + 1$$
第三象限逆圆	$+\Delta X$	$-\Delta Y$	

逐点比较圆弧插补法可以用硬件实现,也可以由软件来实现。硬件实现时可以用两个坐标寄存器(存放 x_i, y_i)、偏差寄存器、终点判别器等组成逻辑电路。用软件实现时,第一象限逆时针圆弧插补的流程图如图 4 - 19 所示。

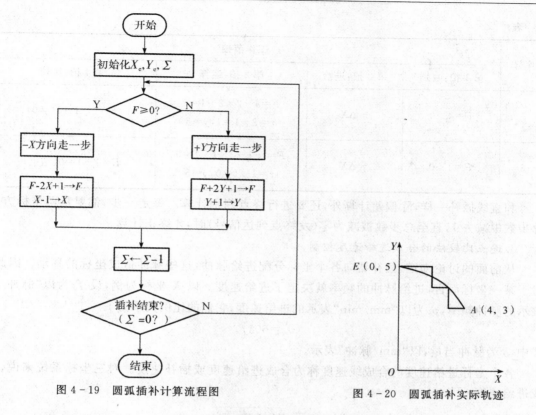

图 4 - 19　圆弧插补计算流程图　　　　　　　图 4 - 20　圆弧插补实际轨迹

现在举例说明圆弧插补过程,设欲加工第 I 象限逆时针走向的圆弧 AE,起点 A 的坐标是 $x_0 = 4, y_0 = 3$,终点 E 的坐标是 $x_e = 0, y_e = 5$,终点判别值:

$$E = (x_0 - x_e) + (y_e - y_0) = (4-0) + (5-3) = 6$$

加工过程的运算节拍见表 4 - 4,插补后获得的实际轨迹如图 4 - 20 所示。

可见,圆弧插补偏差计算的递推公式也是比较简单的。但计算偏差的同时,还要对动点的坐标进行加 1 减 1 运算,为下一点的偏差计算做好准备。

表 4 - 4　逐点比较法圆弧插补运算举例

序号	工作节拍			
	第 1 拍:判别	第 2 拍:进给	第 3 拍:运算	第 4 拍:比较
1	$F = 0$	$-\Delta X$	$F = 0 - 2 \times 4 + 1 = -7$	$E = 6 - 1 = 5 (\neq 0)$
2	$F = -7 < 0$	$+\Delta Y$	$F = -7 + 2 \times 3 + 1 = 0$ $x = 3, y = 3 + 1 = 4$	$E = 5 - 1 = 4 (\neq 0)$
3	$F = 0$	$-\Delta X$	$F = 0 - 2 \times 3 + 1 = -5$ $x = 3 - 1 = 2, y = 4$	$E = 4 - 1 = 3 (\neq 0)$
4	$F = -5 < 0$	$+\Delta Y$	$F = -5 + 2 \times 4 + 1 = 4$ $x = 2, y = 4 + 1 = 5$	$E = 3 - 1 = 2 (\neq 0)$

续　表

序号	工作节拍			
	第1拍:判别	第2拍:进给	第3拍:运算	第4拍:比较
5	$F=4>0$	$-\Delta X$	$F=4-2\times2+1=1$ $x=2-1=1,y=5$	$E=2-1=1(\neq0)$
6	$F=1>0$	$-\Delta X$	$F=-1-2\times1+1=0$ $x=1-1=0,y=5$	$E=1-1=0(结束)$

和直线插补一样,除偏差计算外,还要进行终点判别计算。每走一步,都要从两坐标方向总步数中减去1,直至总步数被减为零(发终点到达信号)时,才终止计算。

3. 逐点比较法的合成进给速度控制

从前面的讨论知道,插补器向各个坐标分配进给脉冲,这些脉冲造成坐标的移动。因此,对于某一坐标而言,进给脉冲的频率就决定了进给速度。以 X 坐标为例,设 f_x 为以"脉冲/s"表示的脉冲频率,v_x 为以"mm/min"表示的进给速度,它们的比例关系为

$$v_x=60\delta f_x$$

式中,δ 为脉冲当量,以"mm/脉冲"表示。

各个坐标进给速度的合成线速度称为合成进给速度或插补速度。对三坐标系统来说,合成进给速度 v 为

$$v=\sqrt{v_x^2+v_y^2+v_z^2}$$

式中,v_x,v_y,v_z 分别为 X,Y,Z 轴 3 个方向的进给速度。

合成进给速度直接决定了加工时的粗糙度和精度。我们希望在插补过程中,合成进给速度恒等于指令进给速度或只在允许的范围内变化。但是实际上,合成进给速度 v 与插补计算方法、脉冲源频率及程序段的形式和尺寸都有关系。也就是说,不同的脉冲分配方式,指令进给速度 F 和合成进给速度 v 之间的换算关系各不相同。

现在,来计算逐点比较法的合成进给速度。

我们知道,逐点比较法的特点是脉冲源每产生一个脉冲,不是发向 X 轴(ΔX),就是发向 Y 轴(ΔY)。令 f_g 为脉冲源频率,单位为"个脉冲/s",则有

$$f_g=f_x+f_y$$

从而 X 轴和 Y 轴方向的进给速度 v_x 和 v_y(单位为 mm/min)分别为

$$v_x=60\delta f_x$$
$$v_y=60\delta f_y$$

合成进给速度 v 为

$$v=\sqrt{v_x^2+v_y^2}=60\delta\sqrt{f_x^2+f_y^2}$$

当 $f_x=0$(或 $f_y=0$)时,也就是进给脉冲按平行于坐标轴的方向分配时有最大速度,这个速度由脉冲源频率决定,所以称其为脉冲源速度 v_g(实质是指循环节拍的频率,单位为 mm/min)。

$$v_g=60\delta f_g$$

合成进给速度 v 与 v_g 之比为

$$\frac{v}{v_g} = \frac{\sqrt{f_x^2 + f_y^2}}{f_g} = \frac{\sqrt{x^2 + y^2}}{x + y}$$

其插补速度 v 的变化范围为 $v = (1 - 0.707)v_g$，最大速度与最小速度之比为

$$k_v = \frac{v_{\text{mas}}}{v_{\text{min}}} = 1.414$$

这样的速度变化范围，对一般机床来说已可满足要求，所以逐点比较法的进给速度是较平稳的。

4.2.2　数据采样插补法

前文介绍的逐点比较法，插补计算的结果是以一个一个脉冲的方式输出给伺服系统，或者说产生的是单个的行程增量，因而又称为脉冲增量插补法或基准脉冲插补法，这种方法既可用于 CNC 系统，又常见于 NC 系统，尤其适于以步进电机为伺服元件的数控系统。

有时，数据采样插补是分两步完成的，即粗插补和精插补。第一步为粗插补，它是在给定起点和终点的曲线之间插入若干个点，即用若干条微小直线段来逼近给定曲线，粗插补在每个插补计算周期中计算一次。第二步为精插补，它是在粗插补计算出的每一条微小直线段上再做"数据点的密化"工作，这一步相当于对直线的脉冲增量插补。

在 CNC 系统中较广泛采用的另一种插补计算方法即所谓数据采样插补法，数据采样法的实质就是使用一系列首尾相连的微小直线段来逼近给定曲线。由于这些微小的直线段是按加工时间进行分割的，所以又称为"时间分割法"。这种方法是把加工一段直线或圆弧的整段时间细分为许多相等的时间间隔，称为单位时间间隔（或插补周期）。每经过一个单位时间间隔就进行一次插补计算，算出在这一时间间隔内各坐标轴的进给量，边计算，边加工，直至加工终点。它尤其适合于闭环和半闭环以直流或交流电机为执行机构的位置采样控制系统。

与基准脉冲插补法不同，采用数据采样法插补时，在加工某一直线段或圆弧段的加工指令中必须给出加工进给速度 v，先通过速度计算，将进给速度分割成单位时间间隔的插补进给量 f（或称为轮廓步长），又称为一次插补进给量。例如，在 FANUC 7M 系统中，取插补周期为 8ms，若 v 的单位取 mm/min，f 的单位取 μm/8ms，则一次插补进给量可用下列数值方程计算：

$$f = \frac{v \times 1000 \times 8}{60 \times 1000} = \frac{2}{15}v$$

按上式计算出一次插补进给量 f 后，根据刀具运动轨迹与各坐标轴的几何关系，就可求出各轴在一个插补周期内的插补进给量，按时间间隔（如 8ms）以增量形式给各轴送出一个一个插补增量，通过驱动部分使机床完成预定轨迹的加工。

由上述分析可知，这类算法的核心问题是如何计算各坐标轴的增长数 ΔX 或 ΔY（而不是单个脉冲），有了前一插补周期末的动点位置值和本次插补周期内的坐标增长段，就很容易计算出本插补周期末的动点命令位置坐标值。对于直线插补来讲，插补所形成的轮廓步长子线段（即增长段）与给定的直线重合，不会造成轨迹误差。而在圆弧插补中，因要用切线或弦线来逼近圆弧，因而不可避免地会带来轮廓误差。其中切线近似具有较大的轮廓误差而不大采用，常用的是弦线逼近法。

1. 插补周期与位置控制周期

插补周期 T 是相邻 2 个微小直线段之间的插补时间间隔。位置控制周期 T_c 是数控系统中

伺服位置环的采样控制周期。对于某个给定的数控系统而言,插补周期和位置控制周期是 2 个固定不变的时间参数。通常 $T \geq T_c$,并且为了便于系统内部控制软件的处理,当 T 与 T_c 不相等时,一般取 T 为 T_c 的整数倍。因为插补运算较复杂,处理时间较长,而位置环数字控制算法较简单,处理时间较短,所以每次插补运算的结果可供位置环分次使用。若假设编程进给速度为 F,插补周期为 T,则可求得插补分割后的微小直线段长度为 ΔL(暂不考虑单位),则

$$\Delta L = FT$$

ΔL 即为 1 次插补进给量,也称为轮廓步长。计算出 ΔL 后,根据刀具运动轨迹与各坐标轴的几何关系,就可以求出各轴在 1 个插补周期内的插补进给量,按时间间隔(插补周期)以增量形式给各轴送出一个个插补增量,通过驱动部分使机床完成预定轨迹的加工。

插补周期对系统稳定性没有影响,但对加工轮廓的轨迹精度有影响;而位置控制周期对系统稳定性和轮廓误差均有影响。因此,选择 T 时主要从插补精度方向考虑,而选择 T_c 时则从伺服系统的稳定性和动态跟踪误差两方面考虑。据有关资料介绍,CNC 系统数据采样法插补周期不得大于 20ms,使用较多的大都在 10ms 左右。随着 CPU 处理速度的提高,为了获得更高的插补精度,插补周期也会越来越小。

目前常用的数据采样方法有两种,分别出自于 FANUC 7M 和 A－B 公司的 7360 系统中。日本 FANUC 公司的 7M 系统中,插补周期为 $T = 8ms$,位置反馈采样周期为 4ms,即插补周期为位置采样周期的 2 倍,它以内接圆弧进给代替圆弧插补中的弧线进给。在 A－B 公司的 7360 系列中,插补周期与位置反馈采样周期相同,插补算法为扩展 DDA 算法。

2. 插补周期与精度、速度之间的关系

数据采样插补法的核心问题是如何计算各坐标轴的增量值 ΔX 和 ΔY(而不是单个脉冲)。有了前一插补周期末的动点坐标值和本次插补周期内的坐标增长值,就很容易计算出本插补周期末的动点命令位置坐标值。对于直线插补来讲,由于插补分割后的轮廓步长小直线段与给定直线重合,不会造成插补误差。而在圆弧插补过程中,一般采用切线或内接弦线来逼近圆弧,显然这些微小的直线段不可能完全与圆弧相重合,从而造成了轮廓插补误差。下面就以弦线逼近法为例来加以分析。

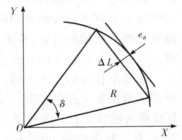

图 4－21　用内接弦线逼近圆弧

如图 4－21 所示弦线逼近圆弧的情况,其最大径向误差为

$$e_R = R\left(1 - \cos\frac{\delta}{2}\right) \tag{4-4}$$

式中:R 为被插补圆弧半径,单位 mm;δ 为步距角,即每个插补周期所走弦线对应的圆心角,且有

$$\Delta X \approx \Delta L / R$$

反过来,在给定了所允许最大径向误差后,也可求出最大步距角为

$$\delta_{max} = 2\arccos\left(1 - \frac{e_R}{R}\right)\delta \tag{4-5}$$

由于 δ 很小,现将 $\cos\frac{\delta}{2}$ 按幂级数展开,即

$$\cos\frac{\delta}{2}=1-\frac{(\delta/2)^2}{2!}+\frac{(\delta/2)^4}{4!}-\cdots \tag{4-6}$$

取其中前 2 项,代入式(4-4)中,得

$$e\approx R-R\left[1-\frac{(\delta/2)^2}{2!}\right]=\frac{\delta^2}{8}R=\frac{(FT)^2}{8}\frac{1}{R} \tag{4-7}$$

可见,在圆弧插补过程中,插补误差 e_R 与被插补圆弧半径 R、插补周期 T 以及编程进给速度 F 有关。若 T 越大或 F 越大或 R 越小,则插补误差就越大。但对于给定的某段圆弧轮廓来讲,在可能的情况下,如果将 T 选得尽量小,则可获得尽可能高的进给速度 F,提高了加工效率。同样,在其他条件情况下,大曲率半径的轮廓曲线可获得较高的允许切削速度。

3. 数据采样法插补

(1)直线插补。设要求刀具在 XOY 平面中作如图 4-22 所示的直线运动。在这一程序段中,X 和 Y 轴的位移增量分别为 x_e 和 y_e。插补时,取增量大的作长轴,小的为短轴,要求 X 和 Y 轴的速度保持一定的比例,且同时到达终点。

设刀具移动方向与长轴夹角为 α,OA 为一次插补的进给步长 f。根据程序段所提供的终点坐标 $P(x_e, y_e)$,可以确定出:

$$\tan\alpha=\frac{y_e}{x_e}$$

$$\cos\alpha=\frac{1}{\sqrt{1+\tan^2\alpha}}$$

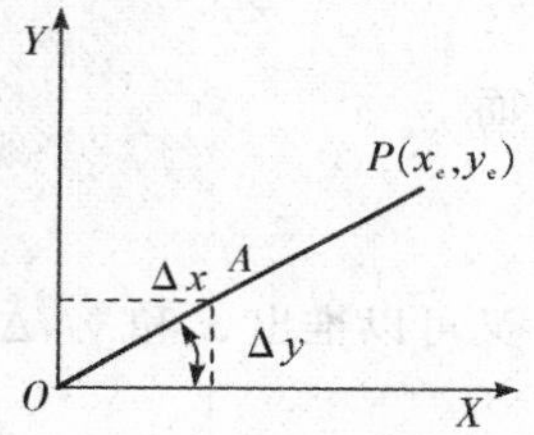

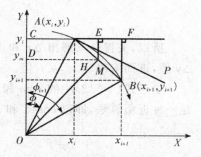

图 4-22

从而求得本次插补周期内长轴的插补进给量为

$$\Delta x=f\cos\alpha \tag{4-8}$$

导出其短轴的进给量为

$$\Delta y=\frac{y_e}{x_e}\Delta x \tag{4-9}$$

(2)圆弧插补。如图 4-23 所示,顺圆弧 AB 为待加工曲线,下面推导其插补公式。在顺圆弧上的 B 点是继 A 点之后的插补瞬时点,两点的坐标分别为 $A(x_i, y_i)$,$B(x_{i+1}, y_{i+1})$。所谓插补,在这里是指由点 $A(x_i, y_i)$ 求出下一点 $B(x_{i+1}, y_{i+1})$,实质上是求在一次插补周期的时间内,X 轴和 Y 轴的进给量 Δx 和 Δy。图中的弦 AB 正是圆弧插补时每个周期的进给步长 f,AP 是 A 点的圆弧切线,M 是弦的中点。显然,$ME\perp AF$,E 是 AF 的中点,而 $OM\perp AB$。由此,圆心角具有关系:

图 4-23　时间侵害法圆弧插补

$$\phi_{i+1}=\phi_i+\delta \tag{4-10}$$

式中 δ 为进给步长 f 所对应的角增量,称为角步距。由于 $\triangle AOC\sim\triangle PAF$,所以

$$\angle PAF=\angle AOC=\phi_i$$

显然

$$\angle BAP=\frac{1}{2}\angle AOB=\frac{1}{2}\delta$$

故得

$$\alpha=\angle BAP+\angle PAF=\phi_i+\frac{1}{2}\delta$$

在 $\triangle MOD$ 中,有

$$\tan\left(\phi_i+\frac{\delta}{2}\right)=\frac{DH+HM}{OC-CD}$$

将

$$DH=x_i \quad OC=y_i$$

$$HM=\frac{1}{2}f\cos\alpha \quad CD=\frac{1}{2}f\sin\alpha$$

代入上式,则有

$$\tan\alpha=\tan\left(\Phi_i+\frac{\delta}{2}\right)=\frac{x_i+\frac{f}{2}\cos\alpha}{y_i+\frac{f}{2}\sin\alpha} \tag{4-11}$$

因为

$$\tan\alpha=\frac{FB}{FA}=\frac{\Delta y}{\Delta x}$$

而

$$HM=\frac{1}{2}\Delta x \qquad CD=\frac{1}{2}\Delta y$$

又可以推出 x_i 和 y_i,Δx 和 Δy 的关系式:

$$\frac{\Delta y}{\Delta x}=\frac{x_i+\frac{1}{2}\Delta x}{y_i-\frac{1}{2}\Delta y}=\frac{x_i+\frac{1}{2}f\cos\alpha}{y_i-\frac{1}{2}f\sin\alpha} \tag{4-12}$$

上式充分反映了圆弧上任意相邻两点的坐标间的关系。只要找到计算 Δx 和 Δy 的恰当方法,就可以按下式求出新的插补点坐标为

$$\left.\begin{array}{l} x_{i+1}=x_i+\Delta x \\ y_{i+1}=y_i+\Delta y \end{array}\right\} \tag{4-13}$$

所以,关键是求解出 Δx 和 Δy。事实上,只要求出 $\tan\alpha$ 值,根据函数关系便可求得 Δx 和 Δy 值,进而求得 x_{i+1},y_{i+1} 值。

由于式(4-12)中的 $\sin\alpha$ 和 $\cos\alpha$ 均为未知数,要直接算出 $\tan\alpha$ 很困难。7M 系统采用的是一种近似算法,即以 $\cos45°$ 和 $\sin45°$ 来代替 $\cos\alpha$ 和 $\sin\alpha$,先求出:

$$\tan=\frac{x_i+\frac{1}{2}f\cos\alpha}{y_i-\frac{1}{2}f\cos\alpha}\approx\frac{y_i-\frac{1}{2}f\sin\alpha}{y_i-\frac{1}{2}f\sin\alpha} \tag{4-14}$$

再由关系式,有

$$\cos\alpha=\frac{1}{\sqrt{1+\tan^2\alpha}} \tag{4-15}$$

进而求得

$$\Delta x=f\cos\alpha \tag{4-16}$$

由式(4-14)、式(4-15)、式(4-16)求出本周期的位移增量 Δx 后,将其与已知的坐标值 x_i,y_i 代入式(4-12),即可求得 Δy 值。在这种算法中,以弦进给代替弧进给是造成径向误差

的主要原因。

思考题与习题

4—1　何谓插补？

4—2　数控机床中常见的插补原理有几种？

4—3　逐点比较法的本质是什么？

4—4　DDA 插补的本质是什么？

4—5　用逐点比较法插补第 I 象限直线 OA，起点为原点 $O(0,0)$，终点为 $A(5,7)$，试写出插补计算过程并绘出插补轨迹。

4—6　用逐点比较法插补第 I 象限逆圆弧 AB，起点为 $A(6,0)$，终点为 $B(0,6)$，试写出插补计算过程并绘出插补轨迹。

第 5 章　伺服驱动系统

【知识要点】

(1)伺服驱动系统概念；

(2)伺服驱动系统应用方法；

(3)步进电动机结构特点和工作原理；

(4)直流伺服电动机、交流伺服电动机工作原理。

5.1　数控机床伺服系统概述

【考试知识点】

(1)伺服驱动系统的作用；

(2)伺服驱动系统的要求；

(3)伺服驱动系统的分类与组成。

5.1.1　伺服驱动系统

1.伺服驱动系统的作用与要求

在自动控制系统中，能够把输出量以一定准确度跟随输入量的变化而变化的系统称为随动系统，亦称伺服系统。数控机床伺服系统是指以机床移动部件的位置和速度作为控制量的自动控制系统。

数控机床伺服驱动系统是 CNC 装置和机床的联系环节，作用在于接收来自数控装置的指令信号，驱动机床移动部件跟随指令信号运动，并保证动作的快速和准确。CNC 装置发出的控制信息，通过伺服驱动系统，转换成坐标轴的运动，完成程序所规定的操作。伺服驱动系统是数控机床的重要组成部分。伺服驱动系统的作用可归纳为以下几方面。

(1)伺服驱动系统能放大控制信号，具有输出功率的能力；

(2)伺服驱动系统根据 CNC 装置发出的控制信息对机床移动部件的位置和速度进行控制。

数控机床运动中，主轴运动和进给运动是机床的基本成形运动。主轴驱动控制一般只要满足主轴调速及正、反转即可，但当要求机床有螺纹加工、准停和恒线速加工等功能时，就对主轴提出了相应的位置控制要求。此时，主轴驱动控制系统可称为主轴伺服系统，只不过控制较为简单。本章主要讨论进给伺服系统。

2.数控机床对伺服驱动系统的要求

数控机床的性能在很大程度上取决伺服驱动系统的性能,对伺服驱动系统主要有下述要求。

(1)位置精度高。伺服系统的精度是指输出量能复现输入量的精确程度。伺服系统的位移精度是指 CNC 装置发出的指令脉冲要求机床工作台进给的理论位移量和该指令脉冲经伺服系统转化为机床工作台实际位移量之间的符合程度。两者误差愈小,位移精度愈高。一般为 0.01~0.001mm。

(2)调速范围宽。调速范围是指数控机床要求电动机所能提供的最高转速与最低转速之比。在数控机床中,为适应不同的加工条件,例如加工用刀具、被加工材料及零件加工要求的不同,为保证在任何情况下都能得到最佳切削条件,就要求进给驱动必须具有足够宽的调速范围,一般要求达到 1∶2 000。

(3)速度响应快。为了保证轮廓切削形状精度和低的加工表面粗糙度,除了要求有较高的定位精度外,还要求有良好的快速响应特性,即要求跟踪指令信号的响应要快。一方面,要求过渡过程时间要短,一般在 200ms 以内,甚至小于几十毫秒;另一方面,要使过渡过程的前沿陡,亦即上升率要大。

(4)稳定性好。稳定性是指系统在给定外界干扰作用下,能在短暂的调节过程中,达到新的或恢复到原来平衡状态的能力。稳定性直接影响数控加工精度和表面粗糙度,因此要求伺服系统应具有较强的抗干扰能力,保证进给速度均匀、平稳。

(5)低速大转矩。数控机床大都是在低速进行重切削,即在低速时进给驱动要有大的转矩输出。这要求动力源尽量靠近机床的执行机构,使传动装置机械部分的结构简化,系统刚性增加,传动精度提高。

5.1.2　伺服系统的组成与分类

机床的伺服系统按其功能可分为主轴伺服系统和进给伺服系统。主轴伺服系统用于控制机床主轴的运动,提供机床切削动力。进给伺服系统通常由伺服驱动电路、伺服电动机和进给机械传动机构等部件组成。进给机械传动机构由减速齿轮、滚珠丝杠副、导轨和工作台等组成。

进给伺服系统按有无位置监测和反馈以及检测装置的安装位置的不同,可分为开环、半闭环和闭环伺服系统。

1.开环伺服系统

开环伺服系统只能采用步进电动机作为驱动元件,它没有任何位置反馈和速度反馈回路,调试维修方便,但精度较低,高速转矩小,主要用于中、低档数控机床及普通机床的数控化改造。它由驱动电路、步进电动机和进给机械传动机构组成,如图 5-1 所示。

开环伺服系统将数字脉冲转换为角位移,靠驱动装置本身定位。步进电动机转过的角度与指令脉冲个数成正比,转速与脉冲频率成正比,转向取决于电动机绕组通电顺序。

2.半闭环伺服系统

半闭环伺服系统一般将角位移检测装置安装在电动机轴或滚珠丝杠末端,用于精确控制电动机或丝杠的角度,然后转换成工作台的位移,如图 5-2 所示。它可以将部分传动链的误差检测出来并得到补偿,因而它的精度比开环伺服系统高。目前,在精度要求适中的中小型数控机床上,使用半闭环系统较多。

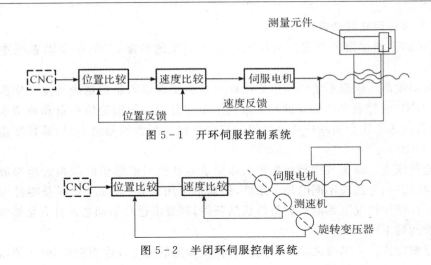

图 5-1　开环伺服控制系统

图 5-2　半闭环伺服控制系统

3.闭环伺服系统

闭环伺服系统将直线位移检测装置安装在机床的工作台上,将检测装置测出的实际位移或者实际所处的位置反馈给 CNC 装置,并与指令值进行比较,求得差值,实现位置控制,如图 5-3 所示。

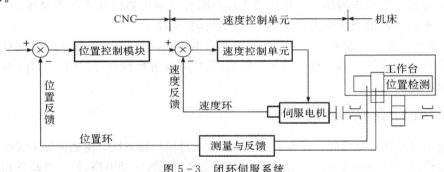

图 5-3　闭环伺服系统

闭环(半闭环)伺服系统均为双闭环系统,内环为速度环,外环为位置环。速度环由速度控制单元、速度检测装置等构成。速度控制单元是一个独立的单元部件,用来控制电动机的转速,是速度环的核心。速度检测装置有测速发电机、脉冲编码器等。位置环由 CNC 装置中的位置控制模块、速度控制单元、位置监测及反馈控制等部分组成。由速度检测装置提供速度反馈值的速度环控制在进给驱动装置内完成,而装在电动机轴上(丝杠末端)或机床工作台上的位置反馈装置提供位置反馈值构成的位置环由数控装置来完成。伺服系统从外部看,是一个以位置指令输入和位置控制为输出的位置闭环控制系统。从内部的实际工作来看,它是先将位置控制指令转换成相应的速度信号后,通过调速系统驱动电动机才实现位置控制的。

5.2　步进电动机伺服系统

【考试知识点】

(1)步进电动机的工作原理;

（2）伺服驱动系统的要求；

（3）伺服驱动系统的分类与组成。

5.2.1　步进电动机的工作原理及其特点

1.工作原理

步进电动机是一种将电脉冲信号转换成机械角位移的一种机电式数/模转换器。其转子的转角与输入的电脉冲数成正比，它的速度与脉冲频率成正比，而运动方向是由步进电动机通电的顺序所决定的。

图 5-4 所示是三相反应式步进电动机工作原理图。步进电机由转子和定子组成。定子上有 A，B，C 3 对绕组磁极，分别称为 A 相、B 相、C 相。转子是硅钢片等软磁材料叠合成的带齿廓形状的铁芯。这种步进电动机称为三相步进电动机。如果在定子的 3 对绕组中通直流电流，就会产生磁场。当 A，B，C 3 对磁极的绕组依次轮流通电，则 A，B，C 3 对磁极依次产生磁场吸引转子转动。

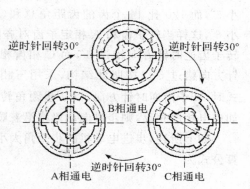

图 5-4　步进电动机工作原理

（1）A 相通电，B 相和 C 相不通电时。电机铁芯的 AA 方向产生磁通，在磁力的作用下，转子 1，3 齿与 A 相磁极对齐。2，4 两齿与 B，C 两磁极相对错开 30°。

（2）B 相通电，C 相和 A 相断电时。电动机铁芯的 BB 方向产生磁通，在磁力的作用下，转子沿逆时针方向旋转 30°，2，4 齿与 B 相磁极对齐。1，3 两齿与 C，A 两磁极相对错开 30°。

（3）C 相通电，A 相和 B 相断电时。电动机铁芯的 CC 方向产生磁通，在磁力的作用下，转子沿逆时针方向又旋转 30°，1，3 齿与 C 相磁极对齐。2，4 两齿与 A，B 两磁极相对错开 30°。

若按 A→B→C…通电相序连续通电，则步进电动机就连续地沿逆时针方向旋动，每换接一次通电相序，步进电动机沿逆时针方向转过 30°，即步距角为 30°。如果步进电动机定子磁极通电相序按 A→C→B…进行，则转子沿顺时针方向旋转。上述通电方式称为三相单三拍通电方式。所谓"单"是指每次只有一相绕组通电的意思。从一相通电换接到另一相通电称为一拍，每一拍转子转动一个步距角，故所谓"三拍"是指通电换接 3 次后完成一个通电周期。

还有一种通电方式称为三相六拍通电方式，即按照 A→AB→B→BC→C→CA…相序通电，工作原理如图 5-5 所示。如果 A 相通电，1，3 齿与 A 相磁极对齐。当 A，B 两相同时通电，因 A 极吸引 1，3 齿，B 极吸引 2，4 齿，转子逆时旋转 15°。随后 A 相断电，只有 B 相通电，转子又逆时旋转 15°，2，4 齿与 B 相磁极对齐。如果继续按 BC→C→CA→A…的相序通电，步进电动机就沿逆时针方向，以 15°的步距角一步一步地移动。这种通电方式

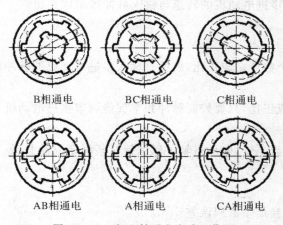

图 5-5　三相六拍通电方式工作原理

B 相通电　　BC 相通电　　C 相通电

AB 相通电　　A 相通电　　CA 相通电

采用单、双相轮流通电,在通电换接时,总有一相通电,所以工作比较平稳。

实际使用的步进电动机,一般都要求有较小的步距角。因为步距角越小它所达到的位置精度越高。图5-6所示是步进电动机实例。图中转子上有 40 个齿,相邻两个齿的齿距角 360°/40＝9°。3 对定子磁极均匀分布在圆周上,相邻磁极间的夹角为 60°。定子的每个磁极上有 5 个齿,相邻两个齿的齿距角也是 9°。因为相邻磁极夹角(60°)比 7 个齿的齿距角总和(9°×7＝63°)小 3°,而 120°比 14 个齿的齿距角总和(9°×14＝126°)小 6°,这样当转子齿和 A 相定子齿对齐时,B 相齿相对转子齿逆时针方向错过 3°,而 C 相齿相对转子齿逆时针方向错过 6°。按照此结构,采用三相单三拍通电方式时,转子沿逆时针方向,以 3°步距角转动。采用三相六拍通电方式时,则步距角减为 1.5°。如通电相序相反,则步进电动机将沿着顺时针方向转动。

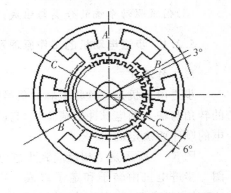

图 5-6 步进电动机实例

如上所述,步进电动机的步距角大小不仅与通电方式有关,而且还与转子的齿数有关。计算公式为

$$\theta = \frac{360°}{mzk} \tag{5-1}$$

式中　m——定子励磁绕组相数;

　　　　z——转子齿数;

　　　　k——通电方式,相邻两次通电相数一样,$k=1$,不同时,$k=2$。步进电动机转速计算公式为

$$n = \frac{\theta}{360°} \times 60 f = \frac{\theta f}{6} \tag{5-2}$$

式中　n——转速,单位为 r/min;

　　　　f——控制脉冲频率,即每秒输入步进电动机的脉冲数;

　　　　θ——用度数表示的步距角。

由式(5-2)可见,当转子的步距角一定时,步进电动机的转速与输入脉冲频率成正比。

2.步进电动机的特点

步进电动机的主要特点:

(1)步进电动机的输出转角与输入的脉冲个数严格成正比,故控制输入步进电动机的脉冲个数就能控制位移量。

(2)步进电动机的转速与输入的脉冲频率成正比,只要控制脉冲频率就能调节步进电动机的转速。

(3)当停止送入脉冲时,只要维持绕组内电流不变,电动机轴可以保持在某固定位置上,不需要机械制动装置。

(4)改变通电相序即可改变电动机转向。

(5)步进电动机存在齿间相邻误差,但是不会产生累积误差。

(6)步进电动机转动惯量小,起动、停止迅速。

由于步进电动机有这些特点,因而在开环数控系统中获得广泛应用。

5.2.2 工作台控制

现在结合图 5-1 介绍开环伺服系统中工作台控制的基本工作原理。

1. 工作台位移量的控制

数控装置发出的 N 个进给脉冲,经驱动线路放大后,变换成步进电动机定子绕组通电/断电的电流变化次数 N,使步进电动机定子绕组的通电状态改变了 N 次,因而也就决定了步进电动机的角位移量,然后再经减速齿轮、丝杠、螺母之后转变为工作台的位移量 L。可见,这种对应关系可表示为:进给脉冲的数量 $N \to$ 定子绕组通电状态变化次数 $N \to$ 步进电动机转子角位移 $\to$ 机床工作台位移量 L。据此推出开环伺服系统的脉冲当量(一个进给脉冲对应的工作台位移量)δ 为

$$\delta = \frac{\theta h}{360 i} \tag{5-3}$$

式中 θ——步进电动机步距角(°);

h——滚珠丝杠螺距(mm);

i——减速齿轮减速比。

需要指出的是,增设减速齿轮一方面可调整速度,另一方面可放大力矩,降低电动机的功率。

2. 工作台进给速度控制

系统中进给脉冲频率 f 经驱动放大后就转换为步进电动机定子绕组通电/断电状态变化的频率,因而就决定了步进电动机转子的转速 ω,该 ω 经减速齿轮、丝杠、螺母之后,体现为工作台的进给速度 V。可见,这种对应关系可表示为:进给脉冲频率 $f \to$ 定子绕组通电/断电状态的变化频率 $f \to$ 步进电动机转速 $\omega \to$ 工作台的进给速度 V。据此可获得开环伺服系统进给速度为

$$V = 60 \delta f \quad (\text{mm/min}) \tag{5-4}$$

式中,f 为输入到步进电动机的脉冲频率(Hz)。

3. 工作台运动方向的控制

改变步进电动机输入脉冲信号的循环顺序方向,就可改变步进电动机定子绕组中电流的通断循环顺序,从而使步进电动机实现正转和反转,相应的工作台进给方向改变。

综上所述,在步进电动机驱动的开环数控系统中,输入的进给脉冲数量、频率、方向经驱动控制线路和步进电动机后,可以转换为工作台的位移量、进给速度和进给方向,从而满足了数控系统对位移控制的要求。由于步进电动机是开环数控系统中的一个极其重要的环节,因而下面对步进电动机的选择和控制等进行详细介绍。

5.2.3 步进电动机的选用

1. 步进电动机的性能指标

(1)单相通电的矩角特性。当步进电动机不改变通电状态时,转子处在不动状态,即静态。如果在电动机轴上外加一个负载转矩,使转子按一定方向(如顺时针)转过一个角度 θ_e,此时,转子所受的电磁转矩 T 称为静态转矩,角度 θ_e 称为失调角,如图 5-7(a)所示。步进电动机的静态转矩和失调角之间的关系叫矩角特性,大致上是一条正弦曲线,如图 5-7(b)所示。此曲

线的峰值表示步进电动机所能承受的最大静态负载转矩。在静态稳定区内，当外加转矩消除后，转子在电磁转矩作用下，仍能回到稳定平衡点。

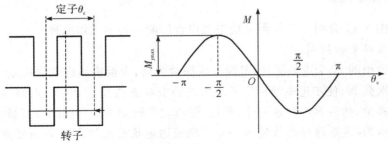

图 5-7 步进电机的失调角和矩角特性

多相通电时的矩角特性，可根据单相通电的矩角特性以向量和的方式算出，计算结果见表 5-1。其中最后一列表示多相通电时的合成转矩与单相通电时最大静态转矩的比值。

表 5-1 步进电机多相通电时的转矩

电动机相数	同时通电相数	合成转矩 M_{jmax}	电动机相数	同时通电相数	合成转矩 M_{jmax}
3	1	1	5	3	1.618
	2	1		4	1
4	1	1	6	1	1
	2	1.414		2	1.732
	3	1		3	2
5	1	1		4	1.732
	2	1.619		5	1

由表 5-1 可见，当步进电动机励磁绕组相数大于 3 时，多相通电方式能提高输出转矩。所以功率较大的步进电动机多数采用多于三相的励磁绕组，且多相通电。

（2）起动转矩。图 5-8 所示为三相步进电动机的矩角特性曲线，则 A 相和 B 相的矩角特性交点的纵坐标值 M_q 称为起动转矩。它表示步进电动机单相励磁时所能带动的极限负载转矩。

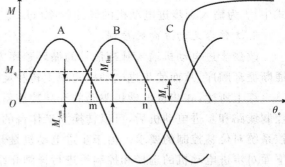

图 5-8 步进电动机的最大负载能力

当电动机所带负载 $M_L < M_q$ 时，A 相通电，工作点在 m 点，在此点 $M_{Am} = M_L$。当励磁电流从 A 相切换到 B 相，而转子在 m 点位置时，B 相励磁绕组产生的电磁转矩是 $M_{Bm} > M_L$，转子旋转，前进到 n 点时，$M_{Bn} = M_L$，转子到达新的平衡位置。显然，负载转矩不可能大于 A，B 两交点的转矩 M_q，否则转子无法转动，产生"失步"现象。不同相数的步进电动机的起动转矩不同，起动转矩见表 5-2。

表 5-2　步进电动机起动转矩

步进电动机	相数	3		4		5		6	
	拍数	3	6	4	8	5	10	6	12
M_q / M_{jmax}		0.5	0.866	0.707	0.707	0.809	0.951	0.866	0.866

(3)空载起动频率 f_q。步进电机在空载情况下,不失步起动所能允许的最高频率称为空载起动频率。在有负载情况下,不失步起动所能允许的最高频率将大大降低。例如 70BF3 型步进电机的空载起动频率是 1 400Hz,负载达到最大静转矩 M_{jmax} 的 0.5 倍时,降为 50Hz。为了缩短起动时间,可使加到电机上的电脉冲频率按一定速率逐渐增加。

(4)运行矩频特性与动态转矩。在步进电动机正常动转时,若输入脉冲的频率逐渐增加,则电动机所能带动的负载转矩将逐渐下降,如图 5-9 所示,图中的曲线称为步进电动机的矩频特性曲线。可见,矩频特性曲线是描述步进电动机连续稳定运行时输出转矩与运行频率之间的关系。在不同频率下步进电动机产生的转矩称为动态转矩。

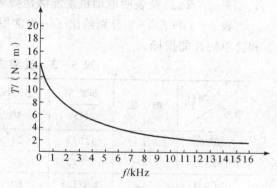

图 5-9　运行矩频特性

2. 步进电动机的选用

合理选用步进电机是相当重要的,通常希望步进电动机的输出转矩大,起动频率和运行频率高,步距误差小,性能价格比高。但增大转矩与快速运行存在一定矛盾,高性能与低成本存在矛盾,因此实际选用时,必须全面考虑。

首先,应考虑系统的精度和速度的要求。为了提高精度,希望脉冲当量小。但是脉冲当量越小,系统的运行速度越低。故应兼顾精度与速度的要求来选定系统的脉冲当量。在脉冲当量确定以后,又可以此为依据来选择步进电动机的步距角和传动机构的传动比。

步进电动机有两条重要的特性曲线,即反映起动频率与负载转矩之间关系的曲线和反映转矩与连续运行频率之间关系的曲线。这两条曲线是选用步进电动机的重要依据。一般将反映起动频率与负载转矩之间关系的曲线称之为起动矩频特性,将反映转矩与连续运行频率之间的关系的曲线称为工作矩频特性。

已知负载转矩,可以在起动矩频特性曲线中查出起动频率。这是起动频率的极限值,实际使用时,只要起动频率小于或等于这一极限值,步进电动机就可以直接带负载起动。

若已知步进电动机的连续运行频率 f,就可以从工作矩频特性曲线中查出转矩 M_{dm},这也是转矩的极限值,又称其为失步转矩。也就是说,若步进电动机以频率 f 运行,它所拖动的负载转矩必须小于 M_{dm},否则就会导致失步。

数控机床的运行可分为两种情况:快速进给和切削进给。这两种情况下,对转矩和进给速度有不同的要求。选用步进电动机时应注意使其在两种情况下都能满足要求。

假若要求进给驱动装置有如下性能:切削进给时的转矩为 T_e,最大切削进给速度为 v_e;在快速进给时的转矩为 T_k,最大快速进给速度为 v_k。可按下面的步骤来检查步进电动机能否满足要求。

首先,依据下式,将进给速度值转变成电动机的工作频率:

$$f = \frac{1\,000v}{60\delta}(\text{Hz}) \qquad\qquad (5-5)$$

式中　v——进给速度(m/min)；

　　　δ——脉冲当量(mm)；

　　　f——步进电动机工作频率。

在上式中，若将最大切削进给速度 v_e 代入，可求得在切削进给时的最大工作频率 f_e；若将最大快速进给速度 v_k 代入，就可求得在快速进给时的最大工作频率 f_k。

然后，根据 f_e 和 f_k 在工作矩频特性曲线上找到与其对应的失步转矩值 T_{dme} 和 T_{dmk}，若有 $T_e < T_{dme} < T_{dmk}$，就表明电动机是能满足要求的，否则就是不能满足要求的。

表5-3和表5-4分别给出了一些常用的反应式步进电动机和混合式步进电动机的型号和简单的性能指标。

表 5-3　反应式步进电动机性能参数

项目 型号	相　数	步距角 (°)	电　压 V	相电流 A	最大静转矩 N·m	空载起动频率 Hz	运行频率 Hz
75BF001	3	1.5/3	24	3	0.392	1 750	12 000
75BF003	3	1.5/3	30	4	0.882	1 250	12 000
90BF001	4	0.9/1.8	80	7	3.92	2 000	8 000
90BF006	5	0.18/0.36	24	3	2.156	2 400	8 000
110BF003	3	0.75/1.5	80	6	7.84	1 500	7 000
110BF004	3	0.75/1.5	30	4	4.9	500	7 000
130BF001	5	0.38/0.76	80	10	9.3	3 000	16 000
150BF002	5	0.38/0.76	80	13	13.7	2 800	8 000
150BF003	5	0.38/0.76	80	13	15.64	2 600	8 000

表 5-4　混合式步进电动机性能参数

项目 型号	相　数	步距角 (°)	电　压 V	相电流 A	最大静转矩 N·m	空载起动频率 Hz	运行频率 Hz
90BYG550A	5	0.36/0.72	50	3	1.5	2 000	50 000
90BYG5200A	5	0.09/0.18	50	4	2.5	6 000	50 000
110BYG460B	4	0.75/1.5	80	5	8	6 000	50 000
130BYG550A	9	0.1/0.2	100	6	4	4 000	50 000
130BYG9100A	9	0.1/0.2	100	10	20	4 000	50 000

5.2.4　步进电动机的驱动控制

1.步进电动机的工作方式

由前述可知，步进电动机的工作方式和一般电动机不同，是采用脉冲控制方式工作的。只有按一定规律对各相绕组轮流通电，步进电动机才能实现转动。数控机床中采用的功率步进电动机有三相、四相、五相和六相等。工作方式由单 m 拍、双 m 拍、三 m 拍及 $2 \times m$ 拍等，m 是电动机的相数。所谓单 m 拍是指每拍只有一相通电，循环拍数为 m；双 m 拍是指每拍同时用两相通电，循环拍数为 m；三 m 拍是每拍有三相通电，循环拍数为 m 拍；$2 \times m$ 拍是各拍既有单相通电，也有两相或三相通电，通常为 $1 \sim 2$ 相通电或 $2 \sim 3$ 相通电，循环拍数为 $2 \times m$，见表 5-5。一般电机的相数越多，工作方式也越多。若按与表 5-5 中相反的顺序通电，则电机反转。

表 5-5　反应式步进电动机工作方式

相数	循环拍数	通电规律
三相	单三拍	A→B→C→A
	双三拍	AB→BC→CA→AB
	六拍	A→AB→B→BC→C→CA→A
四相	单四拍	A→B→C→D→A
	双四拍	AB→BC→CD→DA→AB
	八拍	A→AB→B→BC→C→CD→D→DA→A
		AB→ABC→BC→BCD→CD→CDA→DA→DAB→AB
五相	单五拍	A→B→C→D→E→A
	双五拍	AB→BC→CD→DE→EA→AB
	十拍	A→AB→B→BC→C→CD→D→DE→E→EA→A
		AB→ABC→BC→BCD→CD→CDE→DE→DEA→EA→EAB→AB
六相	单六拍	A→B→C→D→E→F→A
	双六拍	AB→BC→CD→DE→EF→FA→AB
	三六拍	ABC→BCD→CDE→DEF→EFA→FAB→ABC
	十二拍	AB→ABC→BC→BCD→CD→CDE→DE→DEF→EF→EFA→FA→FAB→AB

由步距角计算式可知，循环拍数越多，步距角越小，因此，定位精度越高。另外，通电循环拍数和每拍通电相数对步进电动机的矩频特性、稳定性等都有很大的影响。步进电动机的相数也对步进电动机的运行性能有很大影响。为提高步进电动机输出转矩、工作频率和稳定性，可选用多相步进电动机，并采用 $2 \times m$ 拍工作方式。但双 m 拍和 $2 \times m$ 拍工作方式功耗都比单 m 拍的大。

2. 步进电动机的控制系统

步进电动机由于采用脉冲方式工作，且各相需一定规律分配脉冲，因此，在步进电动机控制系统中，需要脉冲分配逻辑和脉冲产生逻辑。而脉冲的多少需要根据控制对象的运行轨迹计算得到，因此还需要插补运算器。数控机床所用的功率步进电动机要求控制驱动系统必须有足够的驱动功率，所以还要求有功率驱动部分。为了保证步进电动机不失步地起停，要求控制系统具有升降速控制环节。在早期的数控系统中，上述各环节都是由硬件完成的。但目前的机床数控系统，由于都采用了小型和微型计算机控制，上述很多控制环节，如升降速控制、脉冲分配、脉冲产生、插补运算等都可以由计算机完成，使步进电动机控制系统的硬件大为简化。图 5-10 为微型计算机控制步进电动机的控制系统框图。

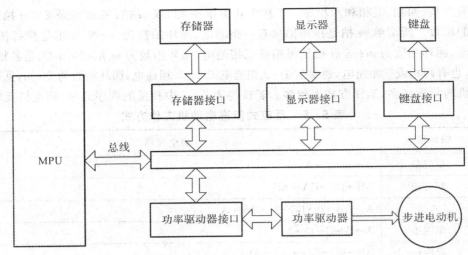

图 5-10　步进电动机的 CNC 系统框图

系统中的键盘用于向计算机输入和编辑控制代码程序,输入的代码由计算机解释。显示器用于显示控制对象的运动坐标值、故障报警、工作状态及编程代码等各种信息。存储器用来存放监控程序、解释程序、插补运算程序、故障诊断程序、脉冲分配程序、键盘扫描程序、显示驱动程序及用户控制代码程序等。功率放大器用以对送来的脉冲进行功率放大,以驱动步进电动机带动负载运行。

5.3　直流电动机伺服系统

【考试知识点】

(1)直流伺服电动机分类;

(2)永磁式直流伺服电动机原理与特点;

(3)直流伺服电动机速度控制。

伺服电动机多应用于自动控制装置的电路中,其作用是将电信号转换成轴上的角位移或角速度,其最大特点是在有控制信号时就旋转,无控制信号时就停转,控制信号强和弱时相应的旋转速度就快和慢,且其转向取决于控制信号的极性。

在闭环伺服驱动系统中多采用直流伺服电动机和交流伺服电动机。伺服电动机和普通电动机在工作原理方面并无本质的区别,但因控制电动机的性能指标不同,所以在结构上有很大的差别。普通电动机构成的系统称为电力拖动系统。电力拖动系统对性能要求不高,仅仅要求起动和运动状态的性能指标。伺服电动机构成的系统常称为伺服驱动系统。伺服驱动系统对伺服电动机的要求很高,既要求高精度,又要求动态响应性能好,所以伺服电动机比普通电动机的价格昂贵。

直流伺服电动机同交流伺服电动机比较,具有容易调速、调速范围大等优点,所以直流伺服系统一直占主导地位。但是,直流伺服电动机结构复杂,造价贵,使用维修不方便。所以人们一直致力于交流伺服电动机调速系统的研究工作,并且,由于微机技术和电子技术的飞速发展,交流伺服驱动系统的应用得到迅速发展,进入 20 世纪 80 年代中期,交流伺服驱动系统逐渐取代直流伺服驱动系统而占据了主导地位。

5.3.1　直流伺服电动机分类

直流电动机具有良好的调速特性,为一般交流电动机所不及。因此,在对电动机的调速性能和起动性能要求较高的机械设备上,大都采用直流电动机驱动,而不顾及结构复杂和价格较贵等缺点。归纳起来,目前世界上的数控机床用到的直流伺服电动机主要有以下几类。

1. 改进型直流电动机

如果把传统的直流电动机在设计时减少转动惯量,增大其过载能力,改进其换向性能,使它在静态与动态特性方面有所改善,就可成为数控机床的进给驱动伺服电动机。在早期的欧美数控机床中较多采用这种改进型的直流电动机。

2. 小惯量电动机

随着数控机床的发展,对伺服系统的执行电动机的要求越来越高,主要是:尽量小的转动惯量,以保证系统的动态特性;在很低的转速下,仍能均匀稳定地旋转,以保证低速时的精度;尽量大的过载倍数,以适应经常出现的冲击现象。

一般直流电动机不能达到上述要求,于是出现了一种特殊的直流电动机——小惯量电动机。小惯量电动机也是直流电动机的一种,其有下述特点。

(1)转动惯量小,约为普通直流电动机的1/10。

(2)由于电枢反应比较小,具有良好的换向性能,电动机时间常数只有几个毫秒。

(3)由于其转子无槽,电气机械均衡性好,尤其在低速时运转稳定而均匀,在转速低达$10r/min$时,无爬行现象。

(4)最大转矩为额定值的10倍。

3. 永磁直流伺服电动机

由于永磁直流伺服电动机能在较大过载转矩下长期工作以及电动机的转子惯量较前述两种电动机都大,因此它能直接与丝杠相连而不需要中间传动装置。而且因为无励磁回路损耗,所以外形尺寸比与其相类似的励磁式直流电动机小,并且可在低速(如$1r/min$甚至$0.1r/min$)下平稳运转。因此,这种电动机在数控机床上获得了广泛的应用。自20世纪70年代至80年代中期,在数控机床应用中,它占据着绝对统治地位,至今,许多数控机床上仍然使用永磁直流伺服电动机。

4. 无刷直流电动机

无刷直流电动机也叫无换向器直流电动机,由同步电动机和逆变器组成,而逆变器由装在转子上的转子位置传感器控制。因此,它实质上是交流调速电动机的一种。由于这种电动机的性能达到直流电动机的水平,又取消了换向器及电刷部件,使电动机寿命大约提高了一个数量级,因此引起人们很大的兴趣。

现在以永磁式直流伺服电动机为例简单介绍直流伺服电动机的结构及工作原理。

5.3.2　永磁式直流伺服电动机

1. 永磁式直流伺服电动机的结构

永磁式直流电动机可分为驱动用永磁直流电动机和永磁直流伺服电动机两大类。驱动用永磁直流电动机通常是指不带稳速装置,没有伺服要求的电动机,而永磁直流伺服电动机则除具有驱动用永磁直流电动机的性能外,还具有一定的伺服特性和快速响应能力。在结构上往往与反馈部件做成一体。当然,永磁直流伺服电动机也可作为驱动用电动机。因为永磁直流伺服电动机允许有宽的调速范围,所以也称宽调速直流电动机,其结构如图5-11所示。电动机本体由三部分组成:机壳、定子磁极和转子电枢。反馈用的检测部件有高精度的测速发电机、旋转变压器以及脉冲编码器等,安装在电动机的尾部。

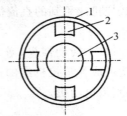

图 5-11　四极永磁直流电动机
1—机壳;2—定子磁极;3—电枢

2.工作原理

永磁式直流伺服电动机的工作原理与普通直流电动机相同。结构上,用永久磁铁代替普通直流电动机的励磁绕组和磁极铁心,在电动机气隙中建立主磁通,产生感应电势和电磁转矩。图5-12所示为永磁式直流伺服电动机电路原理。

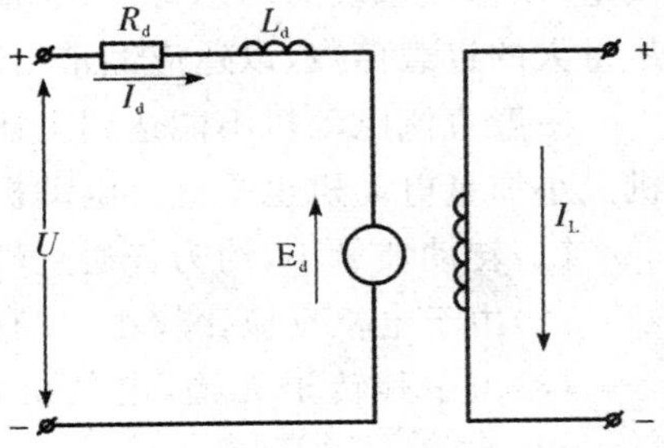

电动机电枢电路的电压平衡方程式为

$$U = E_d + I_d R_d \tag{5-6}$$

感应电动势为

图 5-12　永磁式直流电动机电路原理图

$$E_d = C_e n \Phi \tag{5-7}$$

由以上两个方程可得电动机转速特性

$$n = \frac{U - i_d R_d}{C_e \Phi} = \frac{U}{K_V} - \frac{R_d}{K_V} i_d \tag{5-8}$$

式中　U——电动机电枢回路外加电压;

　　　R_d——电枢回路电阻;

　　　I_d——电枢回路电流;

　　　C_e——反电动势系数;

　　　K_V——反电动势常数;

　　　Φ——气隙磁通量。

电动机的电磁转矩为

$$T_d = C_m \Phi I_d \tag{5-9}$$

因此可得电动机机械特性方程式为

$$n = \frac{U}{C_e \Phi} - \frac{R_d}{C_e C_m \Phi^2} T_d \tag{5-10}$$

式中,C_m 为转矩系数。

式(5-10)描述了电枢转速与转矩间的关系,称为电动机的机械特性。图5-13所示为机械特性曲线。图中不同的电枢电压对应不同的曲线,各曲线彼此平行。$\dfrac{U}{C_e\Phi}$ 即 n_0 称为"理想空载转速",而 $\dfrac{R_d}{C_e C_m \Phi^2}$ 即 Δn 称为转速降落。电动机速度控制单元的作用是将转速指令信号改变为相应的电枢电压值。

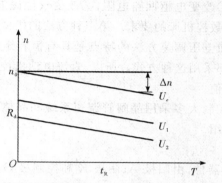

图 5-13　外加电压不变时的机械特性($U_e > U_1 > U_2$)

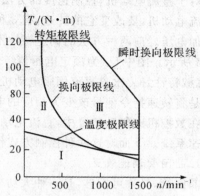

图 5-14　转矩-速度特性曲线

3. 工作特性

永磁式直流伺服电动机的性能可用其工作特性曲线来描述,下面介绍转矩-速度特性曲线和负载周期曲线。

(1)转矩-速度特性曲线。转矩-速度特性曲线又称工作曲线,如图 5-14 所示,伺服电动机的工作区域被温度极限线、换向极限线、转矩极限线以及瞬时换向极限线划分为三个区域。Ⅰ为连续工作区,在该区域内可对转矩和转速作任意组合,都可长期连续工作;Ⅱ为断续工作区,此区域电动机只能按负载周期曲线所决定的允许工作时间和断电时间作间歇工作;Ⅲ为加(减)速区域,电动机只能加(减)速工作一段极短的时间。

(2)负载周期曲线。如图 5-15 所示,该曲线表示在满足机械所需转矩,而又确保电动机不过热的情况下,允许电动机工作的时间。因此,这些曲线是由电机温度极限决定的。负载周期曲线的使用方法:首先根据实际负载转矩的要求,求出电动机在该值下的过载倍数,即

$$T_{md} = \frac{负载转矩}{连续额定转矩}$$

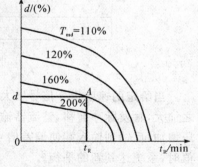

图 5-15　负载周期曲线

然后在负载周期曲线的水平轴线上找到实际机械所需要的工作时间 t_R,并从该点向上作垂线,与所需要的 T_{md} 曲线相交。再从该点作水平线,与垂直轴相交的点为允许的负载工作周期比 d,即

$$d = \frac{t_R}{t_R + t_F}$$

式中:t_R 为电机的工作时间;t_F 为电机的断电时间。

最后可求出最短的断电时间为

$$t_F = t_R\left(\frac{1}{d}-1\right)$$

5.3.3 直流伺服电动机的速度控制方法

对于直流电动机,控制速度的方法可以从直流电动机的工作原理来分析。对于已经给定的直流电动机,要改变它的转速,有 3 种方法:①改变电枢回路电阻;②改变气隙磁通量;③改变外加电压。前两种方法的调速特性不能满足数控机床的要求。第三种方法的机械特性如图 5－13 所示。图中 U_e 为额定电压值。改变外加电压调速方法的特点是具有恒转矩的调速特性,机械特性好。永磁直流伺服电动机的调速都采用这种方式。所以,直流电动机控制单元的作用是将转速指令信号改变为相应的电枢电压值。

在数控机床驱动装置中,直流电动机速度控制大多采用晶闸管调速系统和晶体管脉宽调制调速系统。下面对这两种控制方式作简单介绍。

1.晶闸管调速装置

晶闸管,又称可控硅,是一种大功率半导体器件,由阳极 A、阴极 K 和控制极 G 组成。当阳极与阴极间施加正电压且控制极出现触发脉冲时,可控硅导通。触发脉冲出现的时刻称为触发角 α。控制触发角 α 即可控制可控硅的导通时间,从而达到控制电压的目的。

晶闸管速度控制只通过改变晶闸管触发角 α,对电动机进行调速,范围较小。为满足数控机床的调速范围需要,可采用带有速度反馈的闭环系统。为增加调速特性的硬度,需再加一个电流反馈环节,实现双环调速。图 5－16 所示为一个典型的双环调速系统。

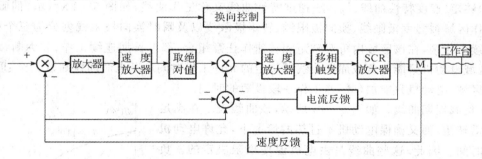

图 5－16 双环调速系统结构框图

当给定的速度指令信号增大时,调节器输入端会有较大的偏差信号,放大器的输出信号随之加大,触发脉冲前移,整流器输出电压提高,电动机转速相应上升;同时,测速发电机输出电压增加,反馈到输入端使偏差信号减小,电动机转速上升减慢,直到反馈值等于或接近于给定值时,系统达到新的平衡。

2.脉冲宽度调制器直流调速系统(简称 PWM)

所谓脉冲宽度调速,是利用脉冲宽度调制器对大功率晶体管开关放大器的开关时间进行控制,将直流电压转换成某一频率的方波电压,加到直流电动机的电枢两端,通过对方波脉冲宽度的控制,改变电枢两端的平均电压,从而达到调节电动机转速的目的。直流脉宽调速系统主要采用了转速电流双闭环的系统结构,如图 5－17 所示。其主要优点是频带宽、电流脉动小、波形系数小、电源功率因数高等。

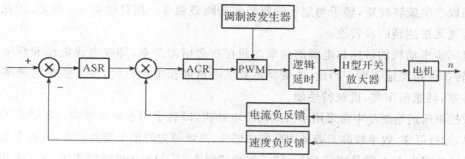

图 5-17　直流脉宽调速系统框图

5.4　交流电动机伺服系统

【考试知识点】

（1）交流伺服电动机的分类与特点；

（2）交流伺服电动机的结构与原理；

（3）交流变频调速原理。

由于直流伺服电动机具有优良的调速性能，因此长期以来，在要求调速性能较高的场合，直流电动机调速系统的应用一直占据主导地位。但直流电动机存在一些固有的缺点，如它的电刷和换向器容易磨损，需要经常维护；由于换向器换向时会产生火花，因而电动机的最高转速受到限制，也使应用环境受到限制；而且直流电动机的结构复杂，制造困难，所以铜铁材料消耗大，制造成本高。而交流电动机特别是交流感应电动机没有上述缺点，并且转子惯量较直流电动机小，使电动机的动态响应更好。在同样的体积下，交流电动机的输出功率可比直流电动机提高 10%～70%。

5.4.1　交流伺服电动机概述

1.交流伺服电动机的分类和特点

在交流伺服系统中，既可以用交流感应电动机也可以用交流同步电动机。

交流感应电动机按所用电源种类可以分为三相和单相两种。从结构上可分为带换向器和不带换向器的两种。通常多用不带换向器的三相感应电动机。其结构是定子上装有对称三相绕组，而在圆柱体的转子铁心上嵌有均匀分布的导条，导条两端分别用金属环连成一个整体（称笼式转子），因此这种电动机也称笼式电机。对称三相绕组接三相电源后，由电源提供励磁电流，在定子和转子之间的气隙内建立起同步转速的旋转磁场，依靠电磁感应作用，在转子导条内产生感应电势。因为转子上的导条已构成闭合回路，转子导条中就有电流流过，从而产生电磁转矩，实现由电能转变成机械能的能量变换。

交流同步电动机的定子结构与感应电动机一样，而转子结构不一样。同步交流电动机因其转子可由外界电源或由本身磁铁而造成的磁场与定子的旋转磁场交互作用而达到同步转速，感应交流电动机的转子则因定子与转子间的变压器效应而产生转子感应磁场，为了维持此感应磁场以产生旋转转矩,转子与定子的旋转磁场间必须有一相对运动——滑差,因此感应电动机的转速无法达到同步转速。

交流同步电动机的转速与电源的频率之间存在严格的关系,即在电源电压和频率固定不变时,其转速保持稳定不变。因此,由变频电源供电给同步电动机时,便可获得与频率成正比的可变转速,调速范围宽,机械特性硬。

在数控机床进给驱动中常采用永磁式同步电动机,即转子用永磁式结构。永磁式的优点是结构简单,运行可靠,效率较高。若采用高剩磁感应、高矫顽力的稀土类磁铁等,可比直流电动机的外形尺寸约减小 1/2,重量减轻 60%,转子惯量减到 1/5。与异步电动机相比,由于采用永磁铁励磁消除了励磁损耗和杂散损耗,因而效率高。通常永磁交流伺服电动机是指永磁同步电动机。

2. 永磁交流伺服电动机的结构及工作原理

永磁交流伺服电动机主要由 3 部分组成:定子、转子和检测元件。其中定子具有齿槽,内有三相绕组,形状与普通感应电动机的定子相同。但其外部表面呈多边形,并且无外壳,这有利于散热,可以避免电动机发热对机床精度的影响。转子由多块永久磁铁等组成,这种结构的优点是气隙磁密度较高,极数较多。永磁交流伺服电动机结构示意图如图 5-18 所示。

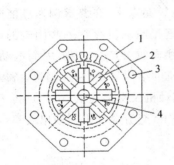

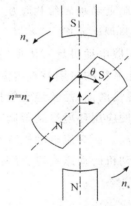

图 5-18　永磁交流伺服电动机结构示意图　　　图 5-19　永磁交流伺服电动机工作原理图
1—定子;2—永久磁铁;3—轴向通风孔;4—转轴

图 5-19 是永磁交流伺服电动机工作原理简图,图中只画了一对永磁转子,定子三相绕组通上交流电源后,就产生一个旋转磁场。旋转磁场将以同步转速 n_s 旋转。根据磁极的同性相斥、异性相吸的原理,定子旋转磁极吸引转子永磁磁极,并带动转子一起同步旋转。转子加上负载转矩后,将造成定子磁场轴线与转子磁极轴线的不重合,如图中所示的 θ 角。随着负载的增加,θ 角也随着增大,当负载减小时,θ 角也随着减小。负载超过一定极限后,转子不再按同步转速旋转,甚至可能不转。这就是同步电动机的失步现象。因此负载极限称为最大同步转矩。

永磁同步电动机的缺点是起动比较困难。这是因为当三相电源供给定子绕组时,虽已产生旋转磁场,但转子处于静止状态,惯性较大而无法跟随旋转磁场转动。解决的办法是在转子上装起动绕组(常采用笼式起动绕组)。笼式起动绕组将使永磁同步电动机如同感应电动机一样,产生起动转矩,使转子开始转动,然后电动机将以同步转速旋转。另一种办法是在设计中设法降低转子的惯量或采用多磁极等使定子旋转磁场的同步转速不很大,使永磁交流伺服电动机能直接起动。还可以在速度控制单元中采取措施,让电动机先在低速下起动,然后再提高到所要求的速度。

交流伺服电动机在没有控制电压时,定子内只有励磁绕组产生的脉动磁场,转子静止不动。当有控制电压时,定子内便产生一个旋转磁场,转子沿旋转磁场的方向旋转,在负载恒定的情况下,电动机的转速随控制电压的大小而变化,当控制电压的相位相反时,伺服电动机将反转。

5.4.2　交流伺服电动机调速原理

根据交流电动机工作原理,当电动机定子三相绕组通三相交流正弦电源时,将建立旋转磁场,其主磁通 Φ_m 的空间转速称为同步转速 n_0,其值为

$$n_0 = \frac{60f}{p}$$

若电机的实际转速为 n,则电机的转差率为

$$s = \frac{n_0 - n}{n}$$

故

$$n = \frac{60f}{p}(1-s) = n_0(1-s)$$

式中:f 为电源电压频率;p 为电动机磁极对数。

由上式可见,改变异步电动机转速的方法有以下 3 种。

(1)改变磁极对数 p 调速。磁极对数可变的交流电动机称为多速电动机。通常磁极对数设计成 4/2,8/4,6/4,8/6/4 等几种。显然,磁极对数只能成对地改变,转速只能成倍地变化。

(2)改变转差率 s 调速。只能在绕线式异步电动机中使用,在转子绕组回路中串入电阻,通过改变电阻值的大小,可以改变转差率的大小。串入电阻值大,转差率大,转速低;串入电阻值小,转差率小,转速高。调速系统的调速范围为 3∶1。

(3)改变频率 f 调速。如果电源频率能平滑调节,电机转速也就可以平滑改变。目前,高性能交流电动机伺服驱动系统都采用改变频率调速方法,这是一种先进的调速方法,电动机从高速到低速其转差率都很小,因而变频调速的效率和功率因数都很高。

5.4.3　变频调速技术

对交流电动机实现变频调速的装置叫变频器,其功能是将电网电压提供的恒压恒频CVCF交流电变换为变压变频 VVVF 交流电。变频器有交-交变频器与交-直-交变频器两大类,结构对比如图 5-20 所示,特性对比见表 5-6。

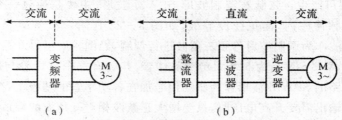

图 5-20　两种类型变频器

(a)交-交变频器;(b)交-直-交变频器

表 5 - 6 交-交变频器与交-直-交变频器的主要特点比较

特点 ＼ 种类	交-交变频器	交-直-交变频器
换能方式	一次换能,效率较高	二次换能,效率略低
换流方式	电网电压换流	强迫换流或负载换流
装置元件数量	较多	较少
元件利用率	较低	较高
调频范围	输出最高频率为电网频率	频率调节范围宽
电网功率因数	较低	如用可控整流桥调压,则低频低压时功率因数较低,如用斩波器或 PWM 方式调压,则功率因数高
适用场合	低速大功率拖动	可用于各种拖动装置,稳频稳压电源和不停电电源

由图 5 - 20 可知,交-交变频器没有明显的中间滤波环节,电网交流电被直接变成可调频调压的交流电,又称直接变频器。而交-直-交变频器先把电网交流电转换为直流电,经过中间滤波环节之后,再进行逆变才能转换为变频变压的交流电,故称为间接变频器。在数控机床上,一般采用交-直-交型的正弦波脉宽调制(SPWM)变频器和矢量变换控制的 SPWM 调速系统。

1. 正弦波脉宽调制(SPWM)原理

正弦波脉宽调制(SPWM)变频器是使用最广泛的 PWM 调制方法,属于交-直-交变频装置,将 50Hz 交流电经整流变压器变压到所需电压,经二极管整流和电容滤波,形成直流电压,再送入 6 个大功率晶体管构成的逆变器主电路,输出三相频率和电压均可调整的等效于正弦波的脉宽调制波(SPWM 波)。图 5 - 21 所示为双极型 SPWM 的通用型主回路。

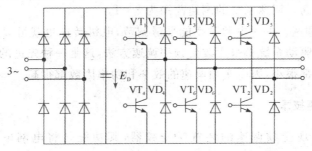

图 5 - 21 双极性 SPWM 通用型主回路

SPWM 逆变器可产生正弦脉宽调制波即 SPWM 波形,主要是通过一个正弦波得到 $2N$ 个等高而不等宽的脉冲序列,与正弦波等效,如图 5 - 22 所示。SPWM 波的产生原理如图 5 - 23所示,将正弦波作为调制波对等腰三角波进行调制,经倒相后可得 6 路 SPWM 信号。

在图 5 - 21 中,$VT_1 \sim VT_6$ 为 6 个大功率晶体管,并各有一个二极管与之相并联,作为续流用。来自控制电路的 SPWM 波形作为驱动信号加在各功率管的基极上,控制 6 个大功率管的通断。当逆变器输出需要升高电压时,只要增大正弦波相对三角波的幅值,这时逆变器输出的矩形脉冲幅值不变而宽度相应增大,达到调压的目的。当逆变器的输出需要变频时,只要改变正弦波的频率就可以了。

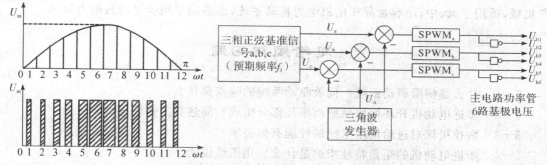

图 5-22 与正弦波等效的矩形脉冲列　　图 5-23 三相 SPWM 控制电路原理框图

SPWM 变频器结构简单,电网功率因数接近 1,且不受逆变器负载大小的影响,系统动态响应快,输出波形好,使电动机可在近似正弦波的交变电压下运行,脉动转矩小,扩展了调速范围,提高了调速性能,由此在数控机床的交流驱动中被广泛应用。

2. 矢量变换控制的 SPWM 调速系统

矢量控制是一种新型控制技术。应用这种技术,已使交流调速系统的静、动态性能,接近或达到了直流电机的高性能。在数控机床的主轴与进给驱动中,矢量控制应用日益广泛,并有取代直流驱动之势。

直流电动机能获得优异的调速性能,其根本原因是与电动机电磁转矩相关的是两个互相独立的变量磁通 Φ 和电流 I。然而,交流电动机却不一样。其定子与转子间存在着强烈的电磁耦合关系。不能形成像直流电动机那样的独立变量,是一个高阶、非线性、强耦合的多变量控制系统。矢量变换控制调速系统应用了适于处理多变量系统的现代控制理论及坐标变换和反变换等数学工具,能够建立起一个与交流电动机等效的直流电动机模型,通过对该模型的控制,即可实现对交流电动机的控制,而得到与直流电动机相同的优异控制性能。

如果利用"等效"的概念,将三相交流电动机输入电流变换为等效的直流电动机中彼此独立的电枢电流和励磁电流,然后和直流电动机一样,通过对这两个量的反馈控制,实现对电动机的转矩控制;再通过相反的变换,将被控制的等效直流电动机还原为三相交流电动机,那么三相电动机的调速性能就完全体现了直流电动机的调速性能。这就是矢量控制的基本原理。

矢量变换控制的 SPWM 调速系统,是将通过矢量变换得到相应的交流电动机的三相电压控制信号,作为 SPWM 系统的给定基准正弦波,即可实现对交流电动机的调速。该系统实现了转矩与磁通的独立控制,控制方式与直流电动机相同,可获得与直流电动机相同的调速控制特性,满足了数控机床进给驱动的恒转矩、宽调速的要求,也可以满足主轴驱动中恒功率调速的要求,在数控机床上得到了广泛应用。

矢量变换调速系统主要有以下特性。

(1)速度控制精度和过渡过程响应时间与直流电动机大致相同,调速精度可达 ±0.1%。

(2)自动弱磁控制与直流电动机调速系统相同,弱磁调速范围为 4:1。

(3)过载能力强,能承受冲击负载、突然加减速和突然可逆运行;能实现四象限运行。

(4)性能良好的矢量控制的交流调速系统比直流系统效率高约 2%,不存在直流电机换向火花问题。

目前,矢量控制系统已能适应于恒转矩、恒功率或速度二次方如风机、泵等负载特性的生产机械,适用于大、中、小容量异步电机电力拖动系统,也适用于同步电动机电力拖动。

思考题与习题

5—1　什么是伺服驱动系统?伺服驱动系统的特点是什么?

5—2　步进电动机开环伺服系统由哪几部分组成?简述其工作原理。

5—3　数控机床对进给伺服系统的性能有何要求?

5—4　步进电动机的矩角特性指的是什么?用图线说明。

5—5　直流伺服电动机的速度控制原理是什么?

5—6　简述永磁交流伺服电动机的结构及工作原理。

5—7　交流电动机的调速原理是什么?有几种调速方法?

第6章 数控机床位置检测装置

【知识要点】

(1)数控机床检测装置的要求;

(2)数控机床检测装置的分类;

(3)脉冲编码器原理与应用;

(4)旋转变压器与感应同步器原理及应用;

(5)光栅原理及应用。

6.1 检测装置的要求与类型

【考试知识点】

(1)检测装置的要求;

(2)检测装置的分类。

位置检测装置是数控系统的重要组成部分。在闭环、半闭环系统中,它的主要作用是检测位移量,输出位置测量反馈信号与 CNC 装置发出的指令信号相比较,根据差值控制伺服驱动装置运转,使机床工作台按规定的轨迹和坐标移动。

在闭环控制系统中,常用各种直流伺服电动机及交流伺服电动机作驱动元件。这类电动机由于用电压、电流等模拟量控制,不易精确控制其位置精度,所以必须安装位置检测装置。数控装置发出的指令脉冲控制工作台运动,位置检测装置测出工作台的实际位移,经反馈和变换后与指令脉冲进行比较,若有偏差,则将偏差放大后控制执行部件向减小偏差方向运动,直到偏差值为零,从而精确控制移动部件运动。由此可知,位置检测装置是闭环数控系统中的重要部件,检测装置的测量精度和稳定性对于闭环系统的控制精度有着决定性的影响。

6.1.1 位置检测装置的基本要求

位置检测装置是数控机床的关键部件之一,其测量精度和分辨率对机床的加工精度有决定性的影响。

位置检测装置的精度是指在一定长度或转角内测量积累误差的最大值,目前一般直线位移测量精度已达到 $\pm(0.002 \sim 0.02)\text{mm/min}$,回转测量精度已达到 $\pm10''/360°$。

系统分辨率是测量元件所能正确检测的最小位移量,目前直线位移的分辨率为 $0.001 \sim 0.01\text{mm}$,角位移分辨率为 $2''$。

位置检测精度的选取应满足下述基本要求。

(1)在检测范围内,能满足移动部件精度和速度的要求。普通闭环控制系统要求检测装置能测量的最小位移为 0.001~0.01mm,测量精度在 $\pm$(0.001~0.02)mm/m 内。对速度,要求能满足移动部件最大移动速度为 24m/min。

(2)工作可靠,抗各种干扰能力强,使用成本低。检测装置应能抗各种电磁干扰,抗干扰能力强,对温度和湿度敏感性低,温湿度变化对测量精度等环境因素的影响小。

(3)便于安装,维护简单方便,寿命长,能适应生产现场的工作环境。检测装置安装时要满足一定的安装精度要求,安装精度要合理,考虑到影响,整个检测装置要求有较好的防尘、防油污、防切屑等措施。

(4)成本低。不同类型的数控机床对检测系统的分辨率和速度有不同的要求,一般情况下,选择检测系统的分辨率或脉冲当量,要求比加工精度高一个数量级。

(5)易于实现高速的动态测量。

6.1.2 位置检测装置的分类

位置检测装置按工作条件和测量要求不同,有以下几种分类方法。

1. 按检测量的基准分

(1)增量式测量。增量式测量的测量基准不唯一,每一个测量值都是相对前一个测量点的测量值。增量式测量只测相对位移量,如测量单位为 0.001mm,则每移动 0.001mm 就发出一个脉冲信号。

这种测量装置简单,任何一个对中点均可作为测量起点,在轮廓控制的数控系统中大都采用这种测量方式。其不足之处是,当测量系统计数不正确时,后继的测量结果也随之而错。此外,在机床停电、断刀等故障出现后,必须将工作台移至起始点重新计数才能找到事故前的正确位置。目前数控系统常用的增量式位置检测装置有感应同步器、光栅、磁尺等。

(2)绝对式测量。绝对式测量装置对于被测量的任意一点位置均由固定的零点标起,每一个被测点都有一个相应的测量值。绝对式测量可以克服增量式测量的不足,测量方便,但测量装置的结构较增量式复杂,如编码盘中,对应于码盘的每一个角度位置便有一组二进制位数。显然,分辨精度要求越高,量程越大,则所要求的二进制位数也越多,结构就越复杂。

2. 按检测信号的类型分

(1)数字式测量。数字式测量是将被测量用数字表示,测量信号是脉冲量,可以将其直接送入数控系统进行比较处理,测量精度取决于测量单位,与量程基本无关(存在累加误差);只要测量单位取得足够小就可以实现对移动部件精确的控制。此外,数字量还具有抗干扰能力强、信号便于显示处理的特点。

(2)模拟量测量。模拟量测量是将被测量用连续量(如电压、相位等)来表示,其特点是可以直接检测不需变换,在小量程内可以实现高精度的测量,但对信号处理的方法相对来说比较复杂。常用模拟量检测装置如感应同步器、旋转变压器及磁尺等。

3. 按测量方式分

(1)直接测量。直接测量是将直线型检测装置安装在移动部件上,用来直接测量工作台的直线位移,作为全闭环伺服系统的位置反馈信号,而构成位置闭环控制。其优点是准确性高、可靠性好,缺点是测量装置要和工作台行程等长,所以在大型数控机床上受到一定限制。

(2)间接测量。间接测量是将旋转型检测装置安装在驱动电机轴或滚珠丝杠上,通过检测转动件的角位移来间接测量机床工作台的直线位移,作为半闭环伺服系统的位置反馈用。

间接测量的优点是测量方便、无长度限制,缺点是测量信号中增加了由回转运动转变为直线运动的传动链误差,从而影响了测量精度。

4.按被测量的几何量分

(1)直线型测量。直线型测量装置用于直接测量移动部件的直线位移,这种测量装置安装于设备的导轨侧面,其长度等于移动工作台的行程,可以直接测出移动部件位移,而不需变换,检测精度较高。

(2)回转型测量。回转型测量装置一般安装在与移动部件直线运动相关的回转轴上,它是间接测量移动部件的,特点是不需要将检测装置制作得很长,其不足是在检测信号中加入了直线运动转变为旋转运动的传动链误差,影响检测精度。因此为了提高定位精度,常常需要对机床的传动误差进行补偿。

直线型测量也称为闭环控制,而回转型测量常用于半闭环控制。

数控系统常用位置检测装置的分类见表 6-1。

表 6-1　常用位置检测装置

项目	数字式		模拟式	
	增量式	绝对式	增量式	绝对式
回转式	圆光栅	编码盘	旋转变压器,圆形感应同步器,圆形磁栅	多级旋转变压器
直线式	直线光栅,激光干涉仪	编码尺	直线感应同步器,磁栅	绝对值式磁尺

数控机床检测元件的种类很多,在数字式位置检测装置中,采用较多的有光电编码器、光栅等。在模拟式位置检测装置中,多采用感应同步器、旋转变压器和磁尺等。随着计算机在工业控制领域的广泛应用,目前感应同步器、旋转变压器和磁尺在国内已很少使用。然而旋转变压器由于其抗振、抗干扰性好,在欧美一些国家仍有较多的应用。数字式传感器使用方便可靠(如光电编码器和光栅等),应用最为广泛。

在数控机床上除位置检测外,还有速度检测,其目的是精确地控制转速。常用的转速检测装置有测速发电机和回转式脉冲发生器。

6.2　脉冲编码器

【考试知识点】

(1)脉冲编码器用途与分类;

(2)绝对式脉冲编码器原理;

(3)增量式脉冲编码器原理。

脉冲编码器是一种旋转式脉冲发生器,能把机械转角转变成电脉冲,是数控机床上使用广泛的位置检测装置。经过变换电路也可用于速度检测,同时作为速度检测装置。此时,脉冲编码器通常与电动机同

图 6-1　脉冲编码器在机床中的应用

轴连接,如图 6-1 所示。

脉冲编码器可分为绝对式与增量式两类。

6.2.1 绝对式编码器

绝对式编码器是一种旋转式检测装置,可直接把被测转角用数字代码表示出来,且每一个角度位置均有其对应的测量代码,它能表示绝对位置,没有累积误差,电源切除后,位置信息不丢失,仍能读出转动角度。

现在以接触式 4 位绝对编码器为例来说明其工作原理。

图 6-2 所示为二进制码盘。它在一个不导电基体上作成许多金属区使其导电,其中有剖面线部分为导电区,用"1"表示;其他部分为绝缘区,用"0"表示。每一径向,由若干同心圆组成的图案代表了某一绝对计数值,通常,把组成编码的各圈称为码道,码盘最里圈是公用的,它和各码道所有导电部分连在一起,经电刷和电阻接电源负极。在接触式码盘

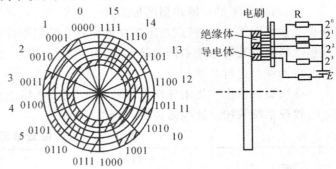

图 6-2 接触式编码盘

的每个码道上都装有电刷,电刷经电阻接到电源正极。当检测对象带动码盘一起转动时,电刷和码盘的相对位置发生变化,与电刷串联的电阻将会出现有电流通过或没有电流通过两种情况。若回路中的电阻上有电流通过,为"1";反之,电刷接触的是绝缘区,电阻上无电流通过,为"0"。如果码盘顺时针转动,就可依次得到按规定编码的数字信号输出,图示为 4 位二进制码盘,根据电刷位置得到由"1"和"0"组成的二进制码,输出为 0000,0001,0010,…,1111。

由图 6-2 可以看出,码道的圈数就是二进制的位数,且高位在内,低位在外。其分辨角 $\theta=360°/2^4=22.5°$,若是 n 位二进制码盘,就有 n 圈码道,分辨角 $\theta=360°/(2n)$,码盘位数越大,所能分辨的角度越小,测量精度越高。若要提高分辨力,就必须增多码道,即二进制位数增多。目前接触式码盘一般可以做到 9 位二进制,光电式码盘可以做到 18 位二进制。

用二进制代码做的码盘,如果电刷安装不准,会使得个别电刷错位,而出现很大的数值误差。如图 6-3 所示,当电刷由位置 0111 向 1000 过渡时,可能会出现从 8(1000)到 15(1111)之间的读数误差,一般称这种误差为非单值性误差。为消除这种误差,可采用格雷码盘。

格雷码盘各码道的数码不同时改变,任何两个相邻数码间只有一位是变化的,每次只切换一位数,把误差控制在最小范围内。二进制码转换成格雷码的法则是:将二进制码右移一位并舍去末位的数码,再与二进制数码作不进位加法,结果即为格雷码,如图 6-4 所示。

例如,二进制码 1101 对应的格雷码为 1011,其演算过程如下:

1101(二进制码)

0110(右移一位,舍去末位)

1011(格雷码)

接触式绝对码盘结构简单、体积小、输出信号强,但是电刷磨损造成寿命降低,并且转速不能太高(每分钟数 10 转),精度受外圈(最低位)码道宽度限制。

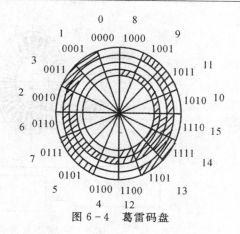

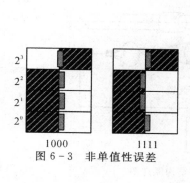

图 6-3　非单值性误差

图 6-4　葛雷码盘

6.2.2　增量式编码器

增量式脉冲编码器分光电式、接触式和电磁感应式 3 种。就精度和可靠性来讲,光电式脉冲编码器优于其他两种,它的型号是用脉冲数/转(脉冲/r)来区分,数控机床常用 2 000,2 500,3 000 脉冲/r 等型号(见表 6-2),在高速、高精度数字伺服系统中,应用高分辨率的脉冲编码器(如 20 000 脉冲/r);现在已有每转发 10 万个脉冲的脉冲编码器。

表 6-2　光电编码器选用

脉冲编码器	每转脉冲移动量/mm
2 000 脉冲/r	2,3,4,6,8
2 500 脉冲/r	5,10
3 000 脉冲/r	3,6,12

光电式脉冲编码器通常与电动机做在一起,或者安装在电动机非轴伸端,电动机可直接与滚珠丝杠相连,或通过减速比为 i 的减速齿轮,然后与滚珠丝杠相连,那么每个脉冲对应机床工作台移动的距离可用下式计算:

$$\delta = \frac{S}{iM}$$

式中　δ——脉冲当量(mm/脉冲);

　　　S——为滚珠丝杠的导程(mm);

　　　i——为减速齿轮的减速比;

　　　M——为脉冲编码器每转的脉冲数(脉冲/r)。

光电式脉冲编码器的结构如图 6-5 所示,它由光源、聚光镜、光电盘、圆盘、光电元件和信号处理电路等组成。光电盘是用玻璃材料研磨抛光制成的,玻璃表面在真空中镀上一层不透光的铬,然后用照相腐蚀法在上面制成向心透光窄缝。透光窄缝在圆周上等分,其数量从几百条到几千条不等。圆盘也用玻璃材料研磨抛光制成,其透光窄缝为两条,每一条后面安装有一只光电元件。光电盘与工作轴连在一起,光电盘转动时,每转过一个缝隙就发生一次光线的明暗变化,光电元件把通过光电盘和圆盘射来的忽明忽暗的光信号转换为近似正弦波的电信号,经过整形、放大和微分处理后,输出脉冲信号。通过记录脉冲的数目,就可以测出转角。测出脉冲的变化率,即单位时间脉冲的数目,就可以求出速度。

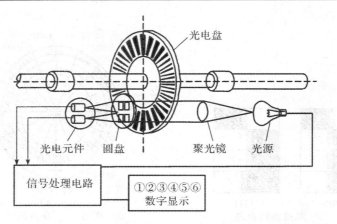

图 6-5　光电脉冲编码器结构原理图

为了判断旋转方向,圆盘的两个窄缝距离彼此错开 1/4 节距,使两个光电元件输出信号的相位相差 90°。如图 6-6 所示,A,B 信号为具有 90°相位差的正弦波,经放大和整形变为方波 A,B。设 A 相比 B 相超前时为正方向旋转,则 B 相超前 A 相就是负方向旋转,利用 A 相与 B 相的相位关系可以判别旋转方向。产生的脉冲被送到计数器,根据脉冲的数目和频率可测出工作轴的转角及转速。其分辨率取决于圆光栅的圈数和测量线路的细分倍数。测量精度为光电编码器能分辨的最小角度,分辨角 $\alpha=$ 360°/狭缝数。如条纹数为 1 024,则 $\alpha=360°/1\ 024$ $=0.352°$。光电编码器的输出信号可进行倍频处理,进一步提高分辨率。例如:配置 2000 脉冲/r 光电编码器的伺服电机直接驱动 8mm 螺距的滚珠丝杠,经 4 倍频处理后,相当于 8 000 脉冲/r 的角度分

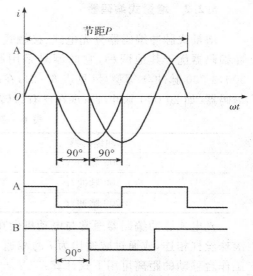

图 6-6　脉冲编码器的输出波形

辨率,对应工作台的直线分辨率由倍频前的 0.004mm 提高到 0.001mm。

此外,在光电盘的里圈不透光圆环上还刻有一条透光条纹,用以产生每转一个的零位脉冲信号,它是轴旋转一周在固定位置上产生一个脉冲,称为 Z 相脉冲,该脉冲也是通过上述处理得来的。Z 脉冲用来作为被测轴的周向定位基准信号,也用作被测轴的旋转圈数计数信号。

在主轴控制系统中,采用主轴位置脉冲编码器,其原理和与光电脉冲编码器一样,只是光栅线纹数为 1 024/周,经 4 倍频细分电路后,为每转 4 096 个脉冲。

6.3　旋转变压器

【考试知识点】

(1)旋转变压器的结构;

(2)旋转变压器的工作原理及应用。

6.3.1   旋转变压器结构

旋转变压器是一种角位移测量装置,通过测量电动机或被测轴的转角来间接测量工作台的位移。旋转变压器的工作原理与普通变压器基本相似。旋转变压器由定子和转子组成,其中定子绕组作为变压器的一次侧,接受励磁电压,相当于变压器的原边。转子绕组作为变压器的二次侧,相当于变压器的副边,通过电磁耦合得到感应电压,只是其输出电压大小与转子位置有关。

为使旋转变压器结构尺寸和转子惯性矩减小,可采用较高的励磁电压频率。旋转变压器的励磁电压频率常用 $400\,\mathrm{Hz}$,$500\,\mathrm{Hz}$,$1\,000\,\mathrm{Hz}$ 和 $5\,000\,\mathrm{Hz}$。

根据转子电信号引进、引出的方式,旋转变压器可分为有刷旋转变压器和无刷旋转变压器。在有刷旋转变压器中,定、转子上都有绕组。转子绕组的电信号,通过滑动接触,由转子上的滑环和定子上的电刷引进或引出。有刷结构的存在,使得旋转变压器的可靠性很难得到保证。因此目前这种结构形式的旋转变压器应用得很少。

无刷结构旋转变压器(见图 6-7)没有滑环和电刷,其寿命和可靠性比有刷结构旋转变压器高。

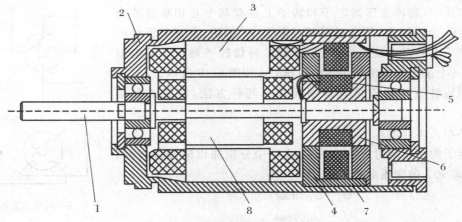

图 6-7   无刷式旋转变压器结构图

1—转子轴;2—壳体;3—旋转变压器定子;4—附加变压器定子;5—附加变压器原边线圈;
6—附加变压器转子线轴;7—附加变压器副边线圈;8—旋转变压器转子

旋转变压器输出信号幅度大,结构简单,动作灵敏,抗干扰性强,工作可靠,对环境无特殊要求,维护方便,因此,在伺服系统的检测中得到了广泛应用。

通常应用的旋转变压器为二极旋转变压器,其定子和转子绕组中各有互相垂直的两个绕组,其检测精度较高,在数控机床中应用普遍。还有一种多极旋转变压器,通过增加定子或转子的极对数,使电气转角为机械转角的倍数,用于高精度绝对式检测系统。也可以把一个极对数少的和一个极对数多的两种旋转变压器做在一个磁路上构成电气变速双通道检测装置,其检测精度更高。

6.3.2   旋转变压器工作原理及应用

旋转变压器是根据互感原理工作的。它的结构设计与制造保证了定子与转子之间的空气隙内的磁通分布呈正(余)弦规律。如图 6-8 所示,当单极旋转变压器定子绕组上加交流励磁电压(交变电压,频率为 2~4kHz)时,通过互感在转子绕组产生感应电动势。其输出电压的大小取决于定子与转子两个绕组轴线在空间的相对位置 θ 角。两者平行时互感最大,副边的感应电动势也最大;两者垂直时互感为零,感应电动势也为零。

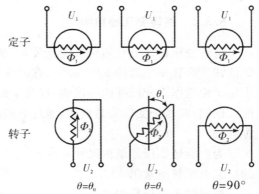

图 6-8　单极式旋转变压器的工作原理

当励磁电压 $U_1 = U_m\sin\omega t$ 与定子一侧相连时,通过电磁耦合,即在转子绕组中产生感应电压 U_2,U_2 的大小与转子相对定子的旋转角有关系式:

$$U_2 = KU_m\sin\omega t\sin\theta$$

式中,K 为电压比,即两个绕组匝数比;U_m 为定子的最大瞬时电压。

当转子绕组与定子绕组垂直时,$\theta=0$,此时两绕组之间无磁交链,所以转子绕组感应电压 U_2 为零。当两组绕组平行时,$\theta=90°$。转子绕组感应电压 U_2 输出最大值。根据旋转变压器转子感应电压的幅值或相位大小值便可测出转子转角的大小,从而间接测量工作台的位移量。

在实用中,旋转变压器定子和转子上各有两个互相垂直的绕组,称为正、余弦绕组,其上通以相位差为 90° 的正、余弦交流励磁电压。转子上的两个绕组一个接高阻抗,补偿转子对定子的电枢反应,另一个绕组的输出即为感应电压 U_2,如图 6-9 所示。

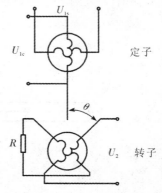

图 6-9　两极式旋转变压器

使用旋转变压器作位置检测元件有两种方法:鉴相式和鉴幅式。

1. 鉴相式工作方式

给定子的正弦绕组 S 和余弦绕组 C 中分别通以同幅值、同频率、相位差 $\pi/2$ 的交流激磁电压,即

$$U_s = U_m\sin\omega t$$
$$U_c = U_m\cos\omega t$$

转子正转时,U_s、U_c 在转子绕组中产生感应电压,经叠加,得转子输出绕组感应电压为

$$U_2 = KU_m\sin\omega t\sin\theta + KU_m\cos\omega t\cos\theta = KU_m\cos(\omega t - \theta)$$

测量转子绕组输出电压的相位角 θ,便可测得转子相对于定子的空间转角位置。在实际应用时,把对定子正弦绕组励磁的交流电压相位作为基准相位,与转子绕组输出电压相位作比较,来确定转子转角的位移。由于旋转变压器的转子和被测轴连接在一起,所以,被测轴的角位移就知道了。

2. 鉴幅式工作方式

给定子的两个绕组分别通以频率相同、相位相同、幅值分别按正弦和余弦变化的交流激磁电压,即

$$U_s = U_{sm}\sin\omega t$$
$$U_c = U_{cm}\sin\omega t$$

式中,ω 为激磁绕组中的电气角。

定子励磁信号产生的合成磁通在转子绕组中产生感应电动势 U_2,其大小与转子和定子的

相对位置 θ_m 有关,并与励磁的幅值 $U_m \sin\theta$ 和 $U_m \cos\theta$ 有关,即

$$U_2 = KU_m \sin(\theta - \theta_m) \sin\omega t$$

如果 $\theta_m = \theta$,则 $U_2 = 0$。

从物理意义上理解,$\theta_m = \theta$ 表示定子绕组合成磁通 Φ 与转子的线圈平面平行,即没有磁力线穿过转子绕组线圈,故感应电动势为零。当 Φ 垂直转子绕组线圈平面,即 $\theta_m = \theta \pm 90°$ 时,转子绕组中感应电动势最大。

在实际应用中,根据转子误差电压的大小,不断修改定子励磁信号的 θ(即励磁幅值),使其跟踪 θ_m 的变化。当感应电动势 U_2 的幅值 $KU_m \sin(\theta - \theta_m)$ 为零时,说明 θ 角的大小就是被测角位移 θ_m 的大小。

6.4　感应同步器

【考试知识点】

(1)感应同步器的结构;

(2)感应同步器工作原理;

(3)感应同步器工作方式。

感应同步器是从旋转变压器发展而来的,也是根据电磁感应的原理检测位移,是一种电磁式的检测传感器。它是利用两个平面印刷电路绕组的电磁感应原理制成的位移测量装置,这两个绕组类似变压器的原边绕组和副边绕组,因此又称平面变压器。在闭环控制系统中,感应同步器将被测部件相对位移和相对角位移转换成测量电信号,经反馈与交换,实现精确控制被测部件运动的目的。

感应同步器有直线式和圆盘式两种,直线式用于测量长度位移,圆盘式一般用于测量角位移。本节以直线式感应同步器为例,介绍其结构、工作原理及检测方法。

6.4.1　感应同步器的结构

感应同步器由定尺和滑尺两部分组成,其结构相当于一个展开的多极旋转变压器。定尺安装在机床固定的导轨上,其长度应大于被检测件的长度,滑尺较短,安装在运动部件上,随工作台一起移动。两者平行放置,保持 0.2～0.3mm 的间隙。定尺和滑尺均由基板(钢或铝合金板)、平面绕组和保护屏蔽层等部分组成。定尺保护层为耐切削液涂层,滑尺保护层为一层带绝缘的铝箔,起静电屏蔽作用,如图 6-10 所示。平面绕组是感应同步器的关键部分,如图 6-11 所示。在定尺上是一个连续不断的矩形绕组,滑尺上分布两个长度方向相差 π/2 的正弦绕组和余弦绕组。绕组由铜箔组成,用绝缘黏合剂贴在基板上。常用感应同步器的技术规格见表 6-3。

标准的感应同步器定尺长 250mm,尺上有单向、均匀、连续的感应绕组;滑尺长 100mm,尺上有两组励磁绕组,即正弦绕组和余弦绕组,如图 6-11 所示。定尺和滑尺绕组的节距相同,用 2τ 表示。当正弦励磁绕组与定尺绕组对齐时,余弦励磁绕组与定尺绕组相差 1/4 节距。

由于感应同步器工作条件差,安装使用时应加强防护,最好使用防护带将尺面覆盖起来,以保证检测可靠。

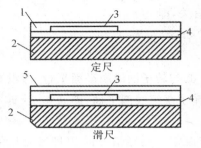

图 6-10 定尺和滑尺的截面结构

1—耐腐蚀保护层；2—钢基板；

3—平面绕组；4—绝缘黏合剂；

5—铝箔

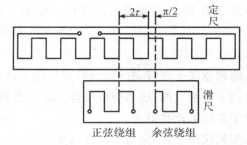

图 6-11 直线感应同步器定尺和滑尺的绕组示意图

表 6-3 感应同步器的技术规格

类　型	标准尺	窄　尺	带式尺
绕组节距/(τ/mm)	2	2	2
绝对精度/mm		± 0.005	± 0.01
重复精度/μm	0.25	0.5	1

6.4.2 感应同步器的工作原理

感应同步器的工作原理与旋转变压器的工作原理相似。当励磁绕组与感应绕组间发生相对位移时，由于电磁耦合的变化，感应绕组中的感应电压随位移的变化而变化，感应同步器和旋转变压器就是利用这个特点进行测量的。所不同的是，旋转变压器是定子、转子间的旋转位移，而感应同步器是滑尺和定尺间的直线位移。

在图 6-11 中，当在滑尺上的正弦绕组加正弦励磁电压时（1~10kHz），在绕组中将产生励磁电流和交变磁通，这个交变磁通与定尺绕组耦合，根据电磁原理，将在定尺绕组上感应出电压，定尺绕组中感应电压是滑尺上正弦绕组和余弦绕组所产生的感应电压的矢量和。设绕组的节距 2τ 为 2mm，当滑尺上正弦绕组与定尺绕组线圈对准时，余弦绕组和定尺绕组相差 τ/2 距离，即二者相差 90°。给滑尺上正弦绕组通以交流电压 U，当滑尺上正弦绕组与定尺绕组重合时，由于电磁感应，此时定尺感应电压最大（a 点），如图 6-12 所示。当滑尺相对定尺平行向右移动 τ/2（b 点）时，定尺上感应磁通为零，相对感应电压也为零。再移动 1/2 节距（c 点），定尺上感应电压达到负的最大值，滑尺移动一个节距（e 点）后，又恢复初始状态。这样，滑尺每移动一个节距，定尺上感应电压按余弦规律变化一周。同

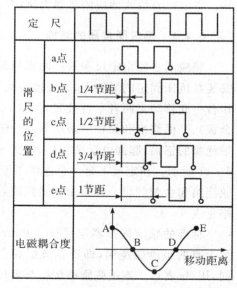

图 6-12 感应同步器工作原理

理,滑尺上余弦绕组相对正弦绕组为 1/4 节距,相差 90°,当对滑尺上余弦绕组通以交流电压时,其在定尺上感应出的电压应按负的正弦规律变化。由于定尺上感应电压变化的周期与滑尺相对定尺移动的节距 2τ 对应,而节距又与工作台的实际位移 x 有关,从而可以间接对工作台的位移进行检测,这就是感应同步器的工作原理。

6.4.3　感应同步器的工作方式

根据励磁绕组中励磁供电方式的不同,感应同步器可分为鉴相工作方式和鉴幅工作方式。

1. 鉴相工作方式

鉴相工作方式即将正弦绕组和余弦绕组分别通以频率相同、幅值相同但相位相差 $\pi/2$ 的交流励磁电压;在这种工作方式下,将滑尺的正弦绕组和余弦绕组分别通以幅值相同、频率相同、相位相差 90° 的交流电压:

$$U_s = U_m \sin\omega t$$
$$U_c = U_m \cos\omega t$$

励磁信号将在空间产生一个以 ω 为频率移动的行波磁场,切割定尺导线,并在其中感应出电势,该电势随着定尺与滑尺相对位置的不同而产生超前或滞后的相位差 θ。按照叠加原理可以直接求出感应电势为

$$U_0 = KU_m \sin\omega t \cos\theta - KU_m \cos\omega t \sin\theta = KU_m \sin(\omega t - \theta)$$

在一个节距内,θ 与滑尺移动距离是一一对应的,通过测量定尺感应电势相位 θ,便可测出定尺相对滑尺的位移。

2. 鉴幅工作方式

鉴幅工作方式则是将滑尺的正弦绕组和余弦绕组分别通以相位相同、频率相同但幅值不同的交流励磁电压。

在这种工作方式下,将滑尺的正弦绕组和余弦绕组分别通以频率相同、相位相同,但幅值不同的交流电压:

$$U_s = U_m \sin\alpha_1 \sin\omega t$$
$$U_c = U_m \cos\alpha_1 \sin\omega t$$

式中,α_1 相当于前式中的 θ。此时,如果滑尺相对定尺移动一个距离 d,其对应的相移为 α_2,那么在定尺上的感应电势为

$$U_0 = KU_m \sin\alpha_1 \sin\omega t \cos\alpha_2 - KU_m \cos\alpha_1 \sin\omega t \sin\alpha_2 = KU_m \sin\omega t \sin(\alpha_1 - \alpha_2)$$

由上式可知,若电气角 α_1 已知,则只要测出 U_0 的幅值 $KU_m \sin(\alpha_1 - \alpha_2)$,便可间接地求出 α_2。

6.4.4　感应同步器的使用

将感应同步器的输出端与数显装置连接,便可将滑尺相对定尺的机械位移显示出来。根据感应同步器的工作方式不同,数显装置也分为相位型和幅值型两种。为了提高定尺输出点信号的强度,定尺输出电压首先应经前置放大器放大后再进入到数字显示器中。此外,在感应同步器滑尺绕组与激励电源之间要设置匹配变压器,以保证滑尺绕组有较低的输入阻抗。

在感应同步器的应用过程中,除同样会遇到旋转变压器在应用过程中所遇到的 θ 角须限定在 $[-\pi,\pi]$ 内的问题或要求之外,直线式感应同步器还常常会遇到有关接长的问题。例如,当感应同步器用于检测机床工作台的位移时,一般地,由于行程较长,一块感应同步器常常难以满足检测长度的要求,需要将两块或多块感应同步器的定尺拼接起来,即感应同步器接长。

接长时,滑尺沿着定尺由一块向另一块移动经过接缝,由感应同步器定尺绕组输出的感应电势信号,它所表示的位移应与用更高精度的位移检测器(如激光干涉仪)所检测出的位移相互之间要满足一定的误差要求,否则,应重新调整接缝,直到满足这种误差要求时为止。

6.5　光　　栅

【考试知识点】

(1)光栅的分类与结构;

(2)光栅检测原理。

6.5.1　光栅的分类

光栅种类较多。根据光线在光栅中是透射还是反射分为透射光栅和反射光栅,透射光栅分辨率较反射光栅高,其检测精度可达 $1\mu m$ 以上。

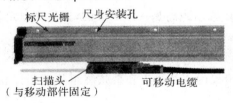

图 6-13　光栅尺外形图

透射光栅是在玻璃的表面上用真空镀膜法镀一层金属膜,再涂上一层均匀的感光材料,用照相腐蚀法制成透明与不透明间隔相等的线纹。光源采用垂直入射,光电元件可直接接受光信号,因此信号幅度大,读数头结构比较简单;每毫米上线纹数多,一般为 100,125,250 条/mm,再经过电路细分,可做到微米级的分辨率。

反射光栅是在钢尺或不锈钢的镜面上用照相腐蚀法或用钻石刀直接刻划制成的光栅线纹;常用的线纹密度为 4,10,25,40,50 条/mm,分辨率低。

从形状上看,又可分为圆光栅和直线光栅。圆光栅用于测量转角位移,直线光栅用于检测直线位移。

6.5.2　光栅的结构

为了检测位移,直线光栅通常是两块栅距相等的光栅重叠使用,其中长的称为标尺光栅或长光栅,一般固定在机床移动部件上,要求与行程等长。短的为指示光栅或短光栅,装在机床固定部件上,如图 6-13 所示。

光栅线纹之间距离相等,线纹之间的间距称为栅距,刻线条数的多少与光栅的分辨率成正比。

光栅检测装置由光源、透镜、光栅和光电转换元件组成,见图 6-14。从光源发出的光经聚光镜变为平行光线照射在光栅 3,4 上,其中 3 为标尺光栅,4 为指示光栅。在测量时,两块光栅平行并保持 0.05mm 或 0.1mm 的间隙,指示光栅相对标尺光栅在自身平面内旋转一个微小的角度 α。当两光栅相对移动时,产生光的干涉效应,使两光栅尺形成明暗相间的放大条纹并照射在光电转换元件 5 上,光电转换元件感受信号,经变换处理为脉冲信号,通过对脉冲计数就可以反映出移动部件的位移。

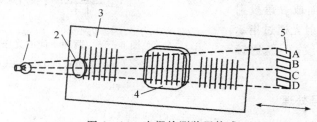

图 6-14　光栅检测装置构成

1—光源;2—透镜;3—标尺光栅;4—指示光栅;5—光电转换元件

6.5.3　光栅检测原理

如图 6-15 所示。当指示光栅上的线纹与标尺光栅上的线纹成一小角度放置时,两光栅尺上线纹互相交叉。在光源的照射下,交叉点附近的小区域内黑线重叠,形成黑色条纹,其他部分为明亮条纹,这种明暗相间的条纹称为莫尔条纹。莫尔条纹与光栅线纹几乎成垂直方向排列。严格地说,是与两片光栅线纹夹角的平分线相垂直。

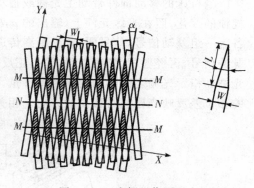

图 6-15　光栅工作原理

图 6-15 中,α 为两光栅夹角,$M-M$ 和 $N-N$ 为两条暗带或者明带之间的间距,称为莫尔条纹的节距 L,W 为栅距。由于两光栅夹角 α 很小,$\sin\alpha \approx \alpha$,则

$$L \approx \frac{W}{\alpha}$$

令 K 为放大比,则有

$$K = L/W = 1/\alpha$$

式中:W 为光栅栅距(mm);α 为两光栅尺夹角(rad);L 为莫尔条纹节距(mm)。

由上式可知,α 越小,L 越大。当栅距一定时,相当于把栅距放大了 $1/\alpha$ 倍。例如:取 $W=0.1$mm,$\alpha=0.01$rad,则莫尔条纹的节距为 $L=10$mm,即将栅距放大了 100 倍。根据莫尔条纹的放大原理,只要在两光栅尺后面安装光电元件,当莫尔条纹移动时,统计其数目,便可知道两光栅尺相对移动了多少距离。由于莫尔条纹是由很多刻线共同形成的,因此,它对光栅刻线的误差有平均作用,能在很大程度上消除光栅刻线的不均匀误差。

根据光电元件感光方式不同,可将光栅分为透射式光栅和反射式光栅两种(见图 6-16)。

透射式光栅的光源 Q 经透镜 L 变为平行光直接照射到标尺光栅 M 上,再通过指示光栅 N 形成莫尔条纹,由光电池 P 接收。两光栅距离 t 可由有效光波的波长和光栅栅距 W 决定。在反射式光栅中,光线经透镜 L_1 后与光栅法面成 β 角投射到标尺光栅 M 上,反射光通过指示光栅 N 形成莫尔条纹,再经透镜 L_2 传向光电池 P。

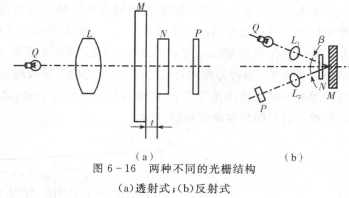

（a） （b）

图 6-16　两种不同的光栅结构

（a）透射式；（b）反射式

6.5.4　光栅信号处理

光源产生的光线,经透镜折射成水平光线照在光栅副上,在指示光栅的反面形成均匀的或明或暗的条纹光线(莫尔条纹),照在光敏元件上,光敏元件输出 a,b,c,d 4 个光电信号。

当机床的移动部件带动主光栅或指示光栅移动时,莫尔条纹的光强信号发生类似于正弦规律的变化,照在光敏元件上,输出的 a,b,c,d 4 个光电信号也类似正弦波的变化($a-c,b-d$ 各为一组差动信号,信号弱,若长距离传递,易被干扰信号淹没),经放大器放大、整形器整形成脉冲信号,再经鉴相、倍频电路,输出正反向脉冲信号送给计数器。脉冲的个数反映的就是主光栅和指示光栅之间移动的相对位移量。脉冲的频率反映光栅相对移动的速度,正反向脉冲的相位差反映光栅相对移动的方向。相关信号处理电路如图 6-17 所示。

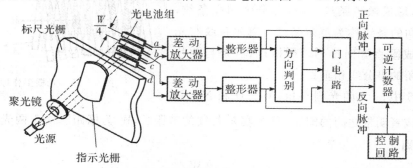

图 6-17　光栅信号处理电路

思考题与习题

6-1　数控机床对检测装置有何要求?

6-2　数控机床常用位置检测装置的分类方式有哪些?

6-3　脉冲编码器与主轴编码器的原理与用途有何不同?

6-4　旋转变压器与感应同步器的原理是否相同?结构上有何不同?

6-5　光栅的种类有哪些?它由哪些部分组成?

6-6　光栅检测利用了莫尔条纹的哪些特性?

第 7 章 数控机床的机械结构

【知识要点】

(1)数控机床机械结构的特点；

(2)数控机床机械结构的组成；

(3)数控机床的总体布局；

(4)数控机床主传动系统的要求、类型；

(5)数控机床主轴部件机械结构；

(6)进给系统机械传动结构；

(7)数控机床辅助装置。

7.1 数控机床的机械结构

【考试知识点】

(1)数控机床机械结构的特点；

(2)数控机床机械结构的组成。

7.1.1 数控机床机械结构的特点

数控机床是高精度和高生产率的自动化机床,其加工过程中的动作顺序、运动部件的坐标位置及辅助功能,都是通过数字信息自动控制的,操作者在加工过程中无法干预,不能像在普通机床上加工零件那样,对机床本身的结构和装配的薄弱环节进行人为补偿,所以数控机床要求比普通机床设计得更为完善,制造得更为精密。为满足高精度、高效率、高自动化程度的要求,数控机床的结构已形成自己的独立体系,在这一结构的完善过程中,数控机床出现了不少新颖的结构及元件。

根据数控机床的适用场合和工作特点,对数控机床结构提出以下要求。

1.较高的机床静、动刚度和抗振性

数控机床是按照数控编程或手动输入数据方式提供的指令自动进行加工的。由于机械结构(如机床床身、导轨、工作台、刀架和主轴箱等)的几何精度与变形产生的定位误差在加工过程中不能人为地调整与补偿,因此,必须把各处机械结构部件产生的弹性变形控制在最小限度内,以保证所要求的加工精度与表面质量。

刚度是机床结构抵抗变形的能力,包括静刚度与动刚度,分别指机床在静态力作用下与动态力作用下所表现的刚度。

为了提高数控机床主轴的刚度,不但经常采用三支承结构,而且选用刚性很好的双列短圆柱滚子轴承和角接触向心推力轴承,以减小主轴的径向和轴向变形。为了提高机床大件的刚度,采用封闭截面的床身,并采用液力平衡减少移动部件因位置变动造成的机床变形。为了提高机床各部件的接触刚度,增加机床的承载能力,采用刮研的方法增加单位面积上的接触点,并在结合面之间施加足够大的预加载荷,以增加接触面积。这些措施都能有效地提高接触刚度。

为了充分发挥数控机床的高效加工能力,并能进行稳定切削,在保证静态刚度的前提下,还必须提高动态刚度。常用的措施主要有提高系统的刚度、增加阻尼以及调整构件的自振频率等。试验表明,提高阻尼系数是改善抗振性的有效方法。钢板的焊接结构既可以增加静刚度、减轻结构质量,又可以增加构件本身的阻尼。因此,近年来在数控机床上采用了钢板焊接结构的床身、立柱、横梁和工作台,具有减轻质量和提高刚度的特点。封砂铸件也有利于振动衰减,将型砂或混凝土等阻尼材料充填在机床支承件的夹壁中,可提高阻尼特性,增加支承件的刚度。

机床的抗振性是指抵抗机床工作时强迫振动和自激振动的能力。数控机床上提高抗振性的主要方法:①提高系统的静刚度。提高系统的静刚度可以提高自激振动的稳定性极限。②增加阻尼。增加阻尼可以提高自激振动的稳定性,也有利于振动的衰减。③通过调整机床质量改变系统的自振频率,使它远离工作范围内存在的强迫振动源的频率。④尽可能将数控机床中的旋转零部件进行良好的动平衡,以减少强迫振动源。⑤用弹性材料将振源隔离,以减少振源对数控机床的影响。

2.减少机床的热变形

在内外热源的影响下,机床各部件将发生不同程度的热变形,使工件与刀具之间的相对运动关系遭到破环,也会造成机床精度下降。为了减少热变形,在数控机床结构中通常采用以下措施。

(1)减少机床内部热源和发热量。机床内部发热是产生热变形的主要热源,应当尽可能地将热源从主机中分离出去,或采用低摩擦因数的导轨和轴承,配置倾斜的防护罩和自动排屑装置等。

(2)控制温升。在采取了一系列减少热源的措施后,热变形的情况将有所改善。但要完全消除机床的内外热源通常是十分困难的,甚至是不可能的。所以必须通过良好的散热和冷却来控制温升,以减少热源的影响。数控机床普遍对各发热部位采取散热、风冷、液冷等控制温升的办法改善散热条件,控制温升。如在电动机上安装有散热装置和热管消热装置等。

(3)改善机床结构。在同样发热条件下,机床结构对热变形也有很大影响。数控机床结构中,热传导和热变形结构均采用对称式,减小热变形及其对加工精度的影响。如数控机床普遍采用的双立柱结构,由于左右对称,双立柱结构受热后的主轴线除产生垂直方向的平移外,其他方向的变形很小,而垂直方向的轴线移动可以方便地用一个坐标的修正量进行补偿。

对于数控车床的主轴箱,应尽量使主轴的热变形发生在刀具切入的垂直方向上(见图

7－1）。这就可以使主轴热变形对加工直径的影响降低到最小限度。在结构上还应尽可能减小主轴中心与主轴箱底面的距离，以减少热变形的总量，同时应使主轴箱的前后温升一致，避免主轴变形后出现倾斜。

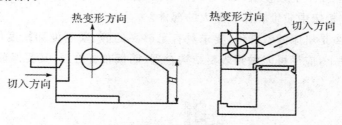

图 7－1 数控车床热变形方向

数控机床中的滚珠丝杠常在预计载荷大、转速高以及散热差的条件下工作，因此丝杠容易发热。滚珠丝杠发热造会使进给系统丧失定位精度。目前某些机床用预拉的方法减少丝杠的热变形。对于采取了上述措施仍不能消除的热变形，可以根据测量结果由数控系统发出补偿脉冲加以修正。

3. 减少运动间的摩擦和消除传动间隙

数控机床的运动精度和定位精度不仅受到机床零部件的加工精度和装配精度、刚度及热变形的影响，而且与运动件的摩擦特性有关。同时，其进给系统要求运动件既能以高速又能以极低的速度运动。为此必须设法提高进给运动的低速运动的平稳性。采取的主要措施有：降低运动件的质量；减少运动件的静、动摩擦力之差；减少传动间隙，缩短传动链。

（1）数控机床普遍采用滚动导轨、静压导轨和塑料导轨，以改善运动件间的耐磨性和摩擦特性。有的数控机床的进给系统中采用滚珠丝杠传动替代滑动丝杠，也达到了同样的效果。

（2）除了减少传动齿轮和滚珠丝杠的加工误差外，数控机床还广泛采用了无间隙传动副，目前，用同步齿形带替代齿轮、用无键连接替代键连接已成为一种趋势。

（3）取消从电动机到工作部件之间的一切传动环节，使电动机和机床的工作部件合二为一，这种"零传动"理论在高速机床上的应用，提高了机床的动态灵敏度、加工精度和工作可靠性。

4. 提高机床的寿命和精度保持性

为了提高机床的寿命和精度保持性，在设计时应充分考虑数控机床零部件的耐磨性，尤其是机床导轨、进给丝杠、主轴部件等影响精度的主要零件的耐磨性。在使用过程中，应保证数控机床各部件润滑良好。

5. 减少辅助时间和改善操作性能

在数控机床的单件加工中，辅助时间（非切削时间）占有较大的比例。要进一步提高机床的生产率，就必须采取措施最大限度地压缩辅助时间。目前已经有很多数控机床采用了多主轴、多刀架、以及带刀库的自动换刀装置等，以减少换刀时间。对于切削用量加大的数控机床，床身结构必须有利于排屑，或者设有自动工件分离和排屑装置。

7.1.2 数控机床机械结构的组成

数控机床外形结构由基础部件、主轴部件、进给部件、自动换刀装置四大部分构成。

1．基础部件

基础部件由床身、立柱和工作台等大件组成，如图7-2所示。这些大件有铸铁件，也有焊接的钢结构件，它们要承受数控机床的静载荷以及在加工时的切削负载，因此必须具备更高的静、动刚度，是数控机床中质量和体积最大的部件。

（1）床身。床身是机床的基础件，要求具有足够高的静、动刚度和精度保持性。在满足总体设计要求的前提下，应尽可能做到既要结构合理、筋板布置恰当，又要保证良好的冷、热加工工艺性。

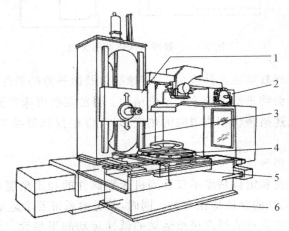

图7-2 数控机床机械结构
1—主轴头；2—刀库；3—立柱；4—立柱底座；5—工作台；6—工作台底座

车削加工中心床身，为提高其刚性，一般采用斜床身。斜床身可以改善切削加工时的受力情况，截面可以形成封闭的腔形结构，其内部可以充填泥芯和混凝土等阻尼材料，在振动时利用相对摩擦来耗散振动能量。

（2）导轨。数控机床的导轨大都采用滚动导轨。滚动导轨摩擦因数低，动静摩擦因数差别小，低速运动平稳、无爬行，因此可以获得较高的定位精度。

2．主轴部件

主轴部件由主轴箱、主轴和主轴轴承等零件组成。主轴的启动、停止等动作和转速均由数控系统控制，并通过装在主轴上的刀具进行切削。主轴部件是切削加工的功率输出部件，是数控机床的关键部件，其结构的合理与否，对加工中心的性能有很大的影响。

3．进给部件

数控机床的进给部件包括联轴器、丝杠，以及导轨等。

4．辅助装置

辅助装置是保证充分发挥数控机床功能所必需的配套装置，常用的辅助装置包括刀库、自动换刀装置 ATC（Automatlc Tool Changer）、自动交换工作台机构 APC（Automatic Pallet Changer）、工件夹紧/放松机构、回转工作台、液压控制系统、润滑装置、切削液装置、排屑装置、过载和保护装置等。

7.2   数控机床的总体布局形式

【考试知识点】

(1)数控车床的总体布局；

(2)数控铣床的总体布局；

(3)加工中心的总体布局。

7.2.1   数控车床的总体布局形式

数控车床的主轴、尾座等部件相对床身的布局形式与卧式车床基本一致，而刀架和导轨的布局形式受到工件尺寸、重量和形状、机床生产率、机床精度、人机工程和环境保护等要求的影响。

1.床身和导轨

机床的床身是整个机床的基础支承件，是机床的主体，用来放置导轨、主轴箱等重要部件。床身的结构对机床的布局有很大的影响。根据数控车床的床身导轨与水平面的相对位置不同有三种布局形式：平床身、斜床身、立床身。斜床身其导轨倾斜的角度分别为 30°,45°,60°,75° 和 90°(称为立式床身)，若倾斜角度小，排屑不便；若倾斜角度大，导轨的导向性差，受力情况也差。导轨倾斜角度的大小还会直接影响机床外形尺寸高度与宽度的比例。综合考虑上面的因素，中小规格的数控车床其床身的倾斜度以 60° 为宜，如图 7-3 所示。

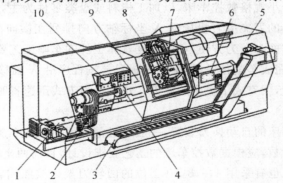

图 7-3   HM—077 型车削加工中心的外形

1—主轴电动机；2—主轴箱；3—排屑器；4—液压卡盘；5—全封闭防护罩；

6—尾座；7—12 工位卧式刀架；8—床鞍与中滑板；9—床身；10—操作面板

如图 7-4(a)所示为水平床身水平导轨：平床身工艺性好，便于导轨面的加工。由于刀架水平放置，对于刀架运动时的导向性好，可提高刀架的运动精度。但床身下部空间小，排屑困难；刀架横滑板较长，加大了机床的宽度尺寸，占地面积大，影响外观。

如图 7-4(b)所示为斜床身斜导轨：其导轨的倾斜度分别为 30°,45°,60°,75°,90°，排屑性能好，但导轨的导向性能差，通常只有单边导轨起作用。

如图 7-4(c)所示为水平床身斜导轨：具有水平床身加工工艺性好的特点，同时排屑性能得到改善。再配置上倾斜的导轨防护罩，这样既保持了平床身工艺性好的优点，床身宽度也不会太大。

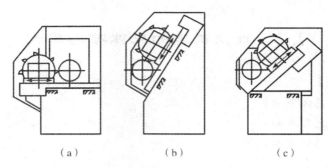

图 7 - 4 数控车床床身导轨布局形式

　　一般来说,中、小规格的数控车床采用斜床身和平床身斜滑板的居多,大型数控车床或小型精密数控车床才采用平床身。其中,平床身斜滑板结构,斜床身和平床身斜滑板结构在现代数控车床中被广泛应用,是因为这种布局形式具有以下特点:容易实现机电一体化;机床外形整齐、美观,占地面积小;容易设置封闭式防护装置;容易排屑和安装自动排屑器;从工件上切下的炽热切屑不至于堆积在导轨上影响导轨精度;便于操作;便于安装机械手,实现单机自动化。

　　2. 刀架

　　刀架是数控车床的重要部件,其结构和性能对机床整体布局及工作性能的影响很大。数控车床的刀架主要分为排式刀架和回转式刀架两大类。

　　排式刀架一般用于小规格数控车床,以加工棒料或盘类零件为主,如图 7 - 5(a)所示。夹持着各种不同用途刀具的刀夹沿着机床的 X 坐标轴方向排列在横向滑板上。这种刀架在刀具布置和机床调整等方面都较为方便,可以根据具体工件的车削工艺要求,任意组合各种不同用途的刀具,一把刀具完成车削任务后,横向滑板只要按程序沿 X 轴移动预先设定的距离后,第二把刀到达加工位置,就完成了机床的换刀。这种换刀方式迅速省时,有利于提高机床的生产效率。

　　回转刀架是数控车床的自动换刀装置,一般通过液压系统或电气来实现机床的自动换刀动作。回转刀架的工位数,应根据数控车床的工艺要求设计,目前两坐标联动的数控车床多采用 12 工位的回转刀架,也有采用 4,6,8,10 工位的回转刀架。按照回转刀架的回转轴线与机床主轴的相对位置来分,回转刀架在机床上的布局有以下两种形式。

　　(1)立式刀架(见图 7 - 5(b)),其回转轴垂直于主轴。

　　(2)卧式刀架(见图 7 - 5(c)),其回转轴平行于主轴。

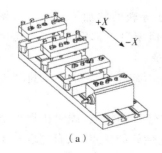
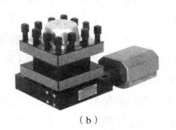

图 7 - 5 数控车床刀架

7.2.2　数控铣床的布局形式

数控铣床总体结构布局形式多样,按主轴的放置形式分,可分为立式和卧式;按进给运动的运动部件分,可分为工作台升降式和主轴箱升降式;按立柱的布置形式分,可分为龙门式和单立柱式。

图 7-6(a)所示是加工工件较轻的升降台铣床,由工件完成的三个方向的进给运动,分别由工作台、滑鞍和升降台来实现。当加工件较重或者尺寸较大时,不宜由升降台带着工件作垂直方向的进给运动,而是改由铣刀头带着刀具来完成垂直进给运动,如图 7-6(b)所示。这种布局方案,机床的尺寸参数即加工尺寸范围可以取得大一些。图 7-6(c)所示的龙门数控铣床,工作台带动工件作一个方向的进给运动,其他两个方向的进给运动由多个刀架在立柱或横梁上移动来完成,这种布局方案适用于质量较大的工件。当工件质量过大时,由工件完成进给运动在结构上是难以实现的,可采用图 7-6(d)所示的布局方案,全部进给运动均由刀具完成,从而便于减小机床的结构尺寸及质量。

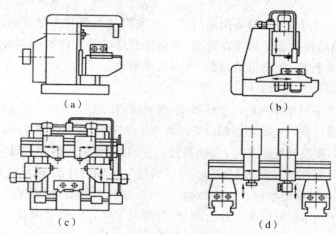

图 7-6　数控铣床布局

7.2.3　加工中心的总体布局形式

加工中心主机由床身、底座、立柱、横梁、滑座、工作台、主轴箱、进给机构、刀具交换装置和其他辅助装置等基本部件组成,它们各自承担着不同的任务,以实现加工中心的切削以及辅助功能。加工中心总体布局的原则就是使这些基本部件在静止和运动状态下始终保持相对正确的位置,并使机床整机具有较高的刚性。

1. 立式加工中心的布局形式

立式加工中心是加工中心中数量最多的一种,应用范围也最为广泛。

常用的布局形式为十字滑鞍工作台不升降结构。其中,工作台移动式如图 7-7(a)所示,工作台可以在水平面内实现 X 轴和 Y 轴两个方向的移动,该结构由于工作台承载工件一起运动,故常为中小型立式加工中心采用。T 型床身立柱移动式如图 7-7(b)所示,工作台在前床身上移动,可以实现 X 轴方向的运动,立柱在后床身上移动,可以实现 Z 轴方向的运动,该结构的优点如前所述,适用于规格较大的立式加工中心。三坐标单元式如图 7-7(c)所示,其特点是在后床身上装有十字滑鞍,可以实现机床 X,Y 两个坐标轴方向的进给运动,通过主轴箱在立柱中的上下移动可以实现主轴的 Z 向运动。机床 3 个方向的运动不受工件重量的影响,故承载稳定,再加上工作台为固定式,所以该结构对提高机床的刚性和精度保持性是十分有利的,常为规格较大、定位精度要求较高的加工中心所采用。

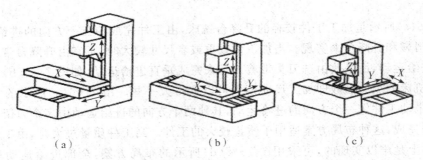

（a）　　　　　　　（b）　　　　　　　（c）

图 7-7　立式加工中心布局

对于大型立式加工中心,一般采用龙门式。在龙门架上装有主轴横向进给和垂向进给的滑台,可以实现主轴的横向进给和垂向进给,纵向进给通过工作台的移动或龙门架的移动来实现。该形式可以扩大行程,缩小占地面积,提高机床刚性。

2.卧式加工中心的布局形式

卧式加工中心常采用框架结构双立柱形式,使主轴箱的主轴中心位于立柱的对称面内,立柱则不再承受由主轴箱自重产生的弯矩和由切削力产生的转矩,从而改善立柱的受力状况,减小立柱的弯曲、扭转变形,提高刚度。并且,主轴箱是从左、右两导轨的内侧进行定位的,热变形产生的主轴中心变位被限制在垂直方向上,因此,可以通过对 Y 轴的补偿,减小热变形的影响。

卧式加工中心采用框架结构双立柱结构,主轴箱在其中移动,构成 Y 坐标轴移动;X,Z 坐标轴的移动方式有所不同,可以是工作台移动(见图 7-8(a)),也可以是立柱移动(见图 7-8(b))。该结构有多种变形,如 X,Z 两坐标轴都采用立柱移动,工作台采用完全固定的结构形式;或 X 坐标轴采用立柱移动、Z 坐标轴采用工作台移动的 T 型床身结构形式等。

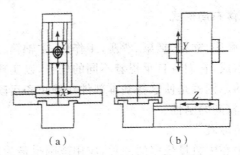

（a）　　　　　（b）

图 7-8　卧式加工中心常见布局

立柱移动式结构(见图 7-9),立柱的移动在后床身上进行,这样使得前床身上只有回转工作台。工作台 3 层结构,与传统的 4 层十字滑鞍工作台结构相比,减少了机床的结构层次,更容易保证机床大件的结构刚性。与此同时,降低了工作台的高度,提高了操作性能。Z 轴的进给力与主轴的轴向切削力在同一平面内,使主轴承受的弯曲力矩减小,镗孔和铣削精度高。由于 Z 轴导轨用来承受随立柱部件移动的全部重量,该重量不随工件重量改变而改变,因此

图 7-9 移动立柱式卧式加工中心

有利于提高 Z 轴的定位精度和精度保持性。但是,Z 轴承载较重,对 Z 轴的移动速度有影响。

T 型床身结构可以使工作台沿着床身作 X 向移动时,全行程范围内,工作台和工件完全支承在床身上,因此,机床刚性好,工作台承载能力强,加工精度容易得到保证。而且这种结构很容易增加 X 轴的行程,便于机床品种的系列化,零部件的通用化和标准化。

7.3 数控机床的主传动系统

【考试知识点】

(1)数控机床主传动系统的要求;

(2)数控机床主传动系统的类型;

(3)刀具自动夹紧装置结构;

(4)主轴准停装置。

7.3.1 数控机床主传动系统的要求

主传动系统是实现机床主运动的传动系统,通过变速,使主轴获得不同的转速,以适应不同的加工要求。在变速的同时,还要求传递一定的功率和足够的转矩,满足切削的需要。

传统机床的主传动系统从动力源(电动机)到执行件(主轴、工作台),中间需要经过皮带轮、齿轮等传动机构。由于转动惯量、振动和噪声、摩擦磨损、传动误差等因素的影响,限制了转速的提高。

为适应各种不同的加工及各种不同的加工方法,数控机床的主传动系统应具有较大的调速范围,以保证加工时能选用合理的切削用量,同时主传动系统还需要有较高精度及刚度并尽可能降低噪声,从而获得最佳的生产率、加工精度和表面质量。

1. 对主传动系统的要求

(1)调速范围足够大。数控机床主轴驱动要求有较大的调速范围,以满足各种工况的切削,获得最合理的切削速度,从而保证加工精度、加工表面质量及高的生产效率。特别是对于具有自动换刀装置的加工中心,为适应各种刀具,各种材料的加工,对主轴的调速范围要求更高。

(2)实现无级变速。数控机床主轴的速度是由数控加工程序中的 S 指令控制的,要求能在较大的转速范围内进行无级连续调速,减少中间传动环节,简化主轴的机械结构,一般要求主轴具备 1:(100~1 000)的恒转矩调速范围和 1:10 的恒功率调速范围。

(3)主传动有四象限的驱动能力。数控机床要求主轴在正、反转时均可进行加减速控制,即要求主轴有四象限驱动能力,并尽可能缩短加减速时间。

(4)车削中心上主轴具有 C 轴控制功能。在车削中心上,为了使之具有螺纹车削功能,要

求主轴与进给驱动实行同步控制,即主轴具有旋转进给轴(C轴)的控制功能。

(5)加工中心上主轴具有准停功能。在加工中心上自动换刀时,主轴须停止在一个固定不变的方位上,以保证换刀位置的准确以及镗孔等加工工艺的需要,即要求主轴具有高精度的准停功能。

(6)具有恒线速度切削控制功能。利用车床和磨床进行工件端面加工时,为了保证端面加工时粗糙度的一致性,要求刀具切削的线速度为恒定值。随着刀具的径向进给,切削直径逐渐减小,应不断提高主轴转速,并维持线速度为常数。

7.3.2 数控机床主传动的类型

数控机床主传动系统主要有以下 3 种配置方式。

1. 带有变速齿轮的主传动

如图 7 - 10(a)所示,通过 2～3 级齿轮变速,使之成为分段无级变速,目的是使主轴在低速时获得大转矩和扩大恒功率调速范围,满足机床重切削时对转矩的要求。滑移齿轮的移位大都采用液压拨叉或直接由液压缸带动齿轮来实现。主要应用于大、中型数控机床上,但也有部分小型数控机床为获得强力切削所需转矩而采用这种传动方式。

2. 通过带传动的主传动

如图 7 - 10(b)所示,电动机轴的转动经带传动传递给主轴,因不用齿轮变速,故可避免因齿轮传动而引起的振动和噪声,具有以下优点:无滑动,传动比准确;传动效率高;传动平稳,噪声小;使用范围较广,维修保养方便。这种方式主要用在转速较高、变速范围不大的机床上,常用的带有三角带和同步齿形带。

3. 由伺服电动机直接驱动的主传动

如图 7 - 10(c)所示,主轴与电动机转子合二为一,从而使主轴部件结构更加紧凑,重量轻,惯量小,提高了主轴启动、停止的响应特性,有利于控制振动和噪声。这种主传动方式大大简化了主轴箱体与主轴的结构,有效地提高了主轴部件的刚度,但主轴输出转矩小,电动机发热对主轴的精度影响较大。主要用于高速轻载的中小型机床,高速加工机床主轴多采用这种方式。这种类型的主轴也称为电主轴。

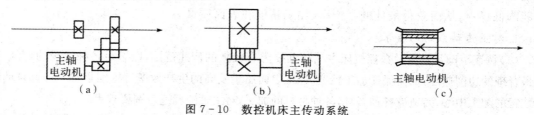

主轴
电动机 (a) 主轴
电动机 (b) 主轴电动机 (c)

图 7 - 10 数控机床主传动系统

7.3.3 主轴部件机械结构

数控机床主轴部件是影响机床加工精度的主要部件,它的回转精度影响工件的加工精度,它的功率大小与回转速度影响加工效率,特别是在加工过程中不进行人工调整,它的自动变速、准停和换刀等影响机床的自动化程度。因此,要求主轴部件具有与机床工作性能相适应的高回转精度、刚度、抗振性、耐磨性和低的温升。在结构上,必须很好地解决主轴的支撑、主轴内刀具自动装夹、主轴的定向停止等问题。

1. 主轴的支承

数控机床主轴的支撑主要采用图 7-11 所示的 3 种主要形式。

图 7-11(a)所示结构的前支撑采用双列短圆柱滚子轴承和双向推力角接触球轴承组合,后支撑采用成对向心推力球轴承。这种结构的综合刚度高,可以满足强力切削要求,是目前各类数控机床普遍采用的形式。

图 7-11(b)所示结构的前支撑采用多个高精度向心推力球轴撑,后支承采用单个向心推力球轴承。这种配置的高速性能好,但承载能力较小,适用于高速、轻载和精密数控机床。

图 7-11(c)所示结构为前支撑采用双列圆锥滚子轴承,后支撑为单列圆锥滚子轴承。这种配置的径向和轴向刚度很高,可承受重载荷,但这种结构限制了主轴最高转速和精度,因而仅适用于中等精度、低速与重载的数控机床主轴。

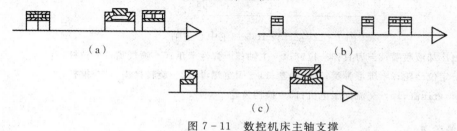

图 7-11　数控机床主轴支撑
(a)刚度型;(b)高速轻载型;(c)低速度载型

主轴的结构根据数控机床的规格、精度采用不同的主轴轴承。一般中小规格数控机床的主轴部件多采用成组高精度滚动轴承,重型数控机床则采用液体静压轴承,高速主轴常采用氮化硅材料的陶瓷滚动轴承。

2. 主轴内部刀具自动夹紧机构

主轴内部刀具自动夹紧机构是加工中心特有的机构。在自动换刀机床的刀具自动夹紧装置中,刀杆常采用 7∶24 的大锥度锥柄,既利于定心,也为松刀带来方便。用碟形弹簧通过拉杆及夹头拉住刀柄的尾部,使刀具锥柄和主轴锥孔紧密配合,夹紧力可达 10 000N 以上。松刀时,通过液压缸活塞推动拉杆来压缩碟形弹簧,使夹头胀开,夹头与刀柄上的拉钉脱离,刀具即可拔出进行新旧刀具的交换;新刀装入后,液压缸活塞后移,新刀具又被碟形弹簧拉紧。在活塞推动拉杆松开刀柄的过程中,压缩空气由喷气头经过活塞中心孔和拉杆中的孔吹出,将锥孔清理干净,防止主轴锥孔中掉入切屑和灰尘,把主轴孔表面和刀杆的锥柄划伤,保证刀具的正确位置。

图 7-12 为 ZHS-K63 加工中心主轴结构部件图,其刀具可以在主轴上自动装卸并进行自动夹紧,其工作原理如下:刀具 2 装到主轴孔后,其刀柄后部的拉钉 3 便被送到主轴拉杆 7 的前端,在碟形弹簧 9 的作用下,通过弹性卡爪 5 将刀具拉紧。当需要换刀时,电气控制指令给液压系统发出信号,使液压缸 14 的活塞左移,带动推杆 13 向左移动,推动固定在拉杆 7 上的轴套 10,使整个拉杆 7 向左移动,弹性卡爪 5 向前伸出一段距离后,在弹性力作用下,卡爪 5 自动松开拉钉 3,此时拉杆 7 继续向左移动,喷气嘴 6 的端部把刀具顶松,机械手便可把刀具

取出进行换刀。装刀之前,压缩空气从喷气嘴 6 中喷出,吹掉锥孔内脏物,当机械手把刀具装入之后,压力油通入液压缸 14 的左腔,使推杆退回原处,在碟形弹簧的作用下,通过拉杆 7 又把刀具拉紧。冷却液喷嘴 1 用来在切削时对刀具进行大流量冷却。

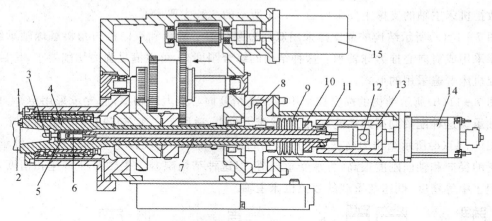

图 7-12 ZHS-K63 加工中心主轴

1—冷却液喷嘴;2—刀具;3—拉钉;4—主轴;5—弹性卡爪;6—喷气嘴;7—拉杆;

8—定位凸轮;9—碟形弹簧;10—轴套;11—固定螺母;12—旋转接头;13—推杆;

14—液压缸;15—交流伺服电机;16—换挡齿轮

3. 主轴准停装置

由于数控铣床与加工中心的刀具装在主轴上,切削时需要用主轴端面键传递切削转矩,因此当刀具装入主轴时,刀柄上的键槽必须与凸键对准,才能顺利换刀。为了完成自动换刀的动作过程,主轴需准确停在某固定的角度上,因此设置主轴准停机构。

通常主轴准停机构有两种结构形式,即机械式与电气式。

如图 7-13 所示,机械准停机构采用机械凸轮机构或光电盘方式进行粗定位,然后由一个液动或气动的定位销插入主轴上的销孔或销槽实现精确定位,完成换刀后定位销退出,主轴才开始旋转。采用这种传统方法定位,结构复杂,在早期数控机床上使用较多。

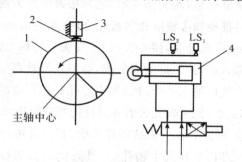

图 7-13 机械式主轴准停装置

1—定位盘;2—接近体;3—无触点开关;4—定位液压缸

现代数控机床采用电气方式定位较多。电气方式定位一般有以下两种方式。

（1）磁性传感器检测定位。在主轴上安装一个发磁体与主轴一起旋转,在距离发磁体旋转外轨迹1～2mm处固定一个磁传感器,它经过放大器并与主轴控制单元相连接,当主轴需要定向时,便可停止在调整好的位置上。

（2）位置编码器检测定位,这种方法是通过主轴电动机内置安装的位置编码器或在机床主轴箱上安装一个与主轴1∶1同步旋转的位置编码器来实现准停控制,准停角度可任意设定。

JCS－018加工中心采用磁传感器电气准停装置,其原理见图7－14。在带动主轴旋转的多楔带轮1的端面上装有一个厚垫片4,垫片上装有一个体积很小的永久磁铁3,在主轴箱箱体的对应于主轴准停的位置上,装有磁传感器2。当机床需要停车换刀时,数控装置发出主轴停转的指令,主轴电动机立即降速,在主轴以最低转速慢转几圈、永久磁铁3对准磁传感器2时,磁传感器发出准停信号,该信号经放大后,由定向电路控制主轴电动机停在规定的周向位置上。

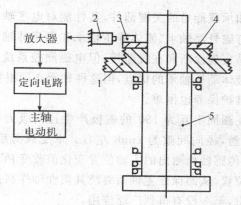

图 7－14　电气式主轴准停装置

1—主轴箱体;2—发磁体;3—磁传感器;4—带轮;5—主轴

7.3.4　电主轴

电主轴是"高频主轴"(high frequency spindle)的简称,有时也称作"直接传动主轴"(direct drive spindle),是内装式电机主轴单元。它把机床主传动链的长度缩短为零,实现了机床的"零传动",具有结构紧凑、机械效率高、可获得极高的回转速度、回转精度高、噪声低、振动小等优点,因而在现代数控机床中获得了越来越广泛的应用。在国外,电主轴已成为一种机电一体化的高科技产品,由一些技术水平很高的专业工厂生产,如瑞士的 FISCHER 公司、德国的 GMN 公司、美国的 PRECISE 公司、意大利的 GAMFIOR 公司、日本的 NSK 公司等。

1. 电主轴的结构

如图 7－15 所示,电主轴由无外壳电机、主轴、轴承、主轴单元壳体、驱动模块和冷却装置等组成。电机的转子采用压配方法与主轴做成一体,主轴则由前后轴承支撑。电机的定子通过冷却套安装于主轴单元的壳体中。主轴的变速由主轴驱动模块控制,而主轴单元内的温升由冷却装置限制。在主轴的后端装有测速、测角位移传感器,前端的内锥孔和端面用于安装刀具。

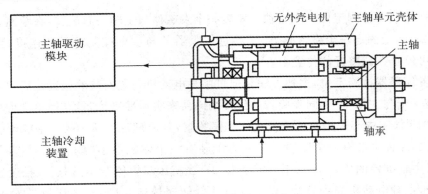

图 7-15　电主轴结构

2.电主轴的轴承

轴承是决定主轴寿命和承载能力的关键部件,其性能对电主轴的使用功能极为重要。目前电主轴采用的轴承主要有磁悬浮轴承、流体静压轴承和陶瓷球轴承 3 种形式。磁悬浮轴承的高速性能好、精度高,容易实现诊断和在线监控,但电磁测控系统过于复杂。液体动静压轴承综合了液体静压轴承和液体动压轴承的优点,但这种轴承必须根据具体机床专门进行设计,单独生产,标准化程度低,维护保养也困难。

磁悬浮轴承依靠多对在圆周上互为 180°的磁极产生径向吸力(或斥力)而将主轴悬浮在空气中,使轴颈与轴承不接触,径向间隙为 1mm 左右。承受载荷后,主轴空间位置会产生微小变化,控制装置根据位置传感器检测出的主轴位置变化值改变相应磁极的吸力(或斥力)值,使主轴迅速恢复到原来的位置,从而保证主轴始终绕其惯性轴作高速回转,因此它的高速性能好、精度高,但由于价格昂贵,至今没有得到广泛应用。

流体静压轴承为非直接接触式轴承,具有磨损小、寿命长、回转精度高、振动小等优点,用于电主轴上,可延长刀具寿命,提高加工质量和加工效率。美国 Ingersoll 公司在其生产的电主轴单元中主要采用其拥有专利技术的流体静压轴承。

应用最多的是混合陶瓷球轴承,即滚动体使用热压或热等静压 Si_3N_4 陶瓷球,轴承套圈仍为钢圈。它的陶瓷滚珠质量轻、硬度高,可大幅度减小轴承离心力和内部载荷,减少磨损,从而提高轴承寿命。德国 GMN 公司和瑞士 STEP-TEC 公司用于加工中心和铣床的电主轴全部采用了陶瓷球轴承。

3.电主轴的冷却

由于电主轴将电机集成于主轴单元中,且其转速很高,运转时会产生大量热量,引起电主轴温升,使电主轴的热态特性和动态特性变差,从而影响电主轴的正常工作。因此必须采取一定措施控制电主轴的温度,使其保持在一定值内。目前一般采取强制循环油冷却的方式对电主轴的定子及主轴轴承进行冷却,即将经过油冷却装置的冷却油强制性地在主轴定子外和主轴轴承外循环,带走主轴高速旋转产生的热量。另外,为了减少主轴轴承的发热,还必须对主轴轴承进行合理的润滑。如对于陶瓷球轴承,可采用油雾润滑或油气润滑方式。

4.电主轴的驱动

当前,电主轴的电动机均采用交流异步感应电动机,由于是用在高速加工机床上,启动时要从静止迅速升速至每分钟数万转乃至数 10 万转,启动转矩大,因而启动电流要超出普通电机额定电流 5～7 倍。其驱动方式有变频器驱动和矢量控制驱动器驱动两种。变频器的驱动控制特性为恒转矩驱动,输出功率与转矩成正比。最新的变频器采用先进的晶体管技术(如瑞士 ABB 公司生产的 SAMIGS 系列变频器),可实现主轴的无级变速。矢量控制驱动器的驱动控制为:在低速端为恒转矩驱动,在中、高速端为恒功率驱动。

7.4　进给系统的机械传动机构

【考试知识点】

(1)进给系统的机械传动结构要求及组成;

(2)滚珠丝杠的结构与优点;

(3)常用导轨的结构与优缺点。

数控机床的进给系统的机械传动装置,也称机械传动机构,是指将驱动源的旋转运动变为工作台的直线运动的整个机械传动链,包括齿轮装置、丝杠螺母副等中间传动机构。

进给传动机构的性能,在很大程度上决定了数控机床的性能,如数控机床的定位精度、跟踪精度、最高移动速度等。

7.4.1　进给系统机械结构的性能要求

数控机床的进给运动是数字控制的直接对象,不论点位控制还是轮廓控制,工件的最终加工精度都受进给运动的传动精度、灵敏度和传动稳定性的影响。为此数控机床的进给系统机械结构应满足如下要求。

1.减少摩擦阻力

为了提高数控机床进给系统的快速响应性能和运动精度,避免跟随误差和轮廓误差,必须减小运动件之间的摩擦阻力和动、静摩擦因数之差。如作为工作台的传动机构普遍采用滚珠丝杠螺母副,工作台和导轨之间以滚动摩擦代替滑动摩擦,采用液态或气态静压导轨等。

2.提高运动的精度和刚度

运动精度主要取决于各级传动误差,因而提高精度首先是缩短传动链,减少误差环节。对于使用的传动链,要消除齿轮副、蜗轮蜗杆副、丝杠螺母副等间隙,使得运动反向时运动与指令同步。应选用最佳的降速比,以达到提高机床分辨率,使工作台尽可能大地加速以达到跟踪指令、系统折算到驱动轴上的惯量尽量小的要求。

数控机床的刚度要求较普通机床高。为满足这一要求,主要是选用合适的零件材料、合适的结构(如丝杠的直径足够粗、传动齿轮无根切等),同时结构部件还必须有合适的支承等。如采用大转矩宽调速的直流电动机与丝杠直接相连,应用预加负载的滚动导轨和滚珠丝杠副,丝杠支承设计成两端轴向固定并可预拉伸的结构等办法来提高传动系统的刚度。

3.减小运动惯量

数控机床往往要求机床部件具有对指令的快速响应能力。运动部件的惯量对伺服机构的启动和制动都有影响,若机械传动装置惯量大,会增大负载并使系统动态性能变差。因此在满足零部件强度和刚度的前提下,应尽可能减轻运动部件的质量以及各传动元件的尺寸,以提高传动部件对指令的快速响应能力,满足数控机床高速切削的要求。

7.4.2 进给传动系统的种类

数控机床进给系统按实现的运动类型分,可分为直线进给系统与圆周进给系统。

1. 直线进给系统

(1)通过丝杠螺母副(通常为滚珠丝杠或静压丝杠),将伺服电动机的旋转运动变成直线运动。

(2)通过齿轮、齿条副,将伺服电动机的旋转运动变成直线运动。

(3)直接采用直线电动机进行驱动。

2. 圆周进给系统

除少数情况直接使用齿轮副外,一般都采用蜗轮蜗杆副。

7.4.3 联轴器

联轴器是用来连接进给机构的两根轴(进给电机轴与丝杠),使之一起回转,传递转矩和运动的一种装置。目前联轴器的类型繁多,有液力式、电磁式和机械式等。机械式联轴器的应用最为广泛,如图 7-16 所示。

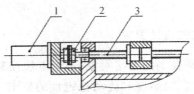

图 7-16　数控机床上的联轴器

1—驱动电动机;2—联轴器;3—丝杠

套筒联轴器构造简单,径向尺寸小,但装卸困难(轴需作轴向移动),且要求两轴严格对中,不允许有径向或角度偏差,因此使用时受到一定限制。

凸缘式联轴器构造简单,成本低,可传递较大转矩,常用于转速低、无冲击、轴的刚性大及对中性好的场合。主要缺点是对两轴的对中性要求很高。若两轴间存在位移与倾斜,可能在机件内引起附加载荷,使工作状况恶化。

挠性联轴器(见图 7-17)采用锥形夹紧环传递载荷,允许在有轴向、径向或角度偏差时传递力矩,可使动力传递没有方向间隙,能补偿因同轴度及垂直度误差引起的"干涉"现象,因此多用于数控机床的运动传递。

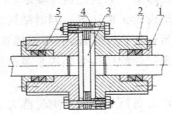

图 7-17　挠性联轴器

1—压圈;2—联轴套;3—柔性片;4—球面垫;5—锥环

7.4.4　减速机构

数控机床进给机构通过降速来匹配进给系统的转动惯量和获得要求的输出机械特性,对开环系统,还起匹配所需的脉冲当量的作用。

数控机床进给装置的减速结构一般采用齿轮机构或同步齿形带。近年来,由于伺服电机及其控制单元性能的提高,许多数控机床的进给传动系统去掉了降速齿轮副,直接将伺服电动机与滚珠丝杠连接。

1.齿轮传动装置

齿轮传动是一种应用非常广泛的机械传动,各种机床的传动装置中几乎都有齿轮传动,如图 7-18 所示。在数控机床伺服进给系统中采用齿轮传动装置的目的有两个:一是将高转速低转矩的伺服电机(如步进电机、直流和交流伺服电机等)的输出改变为低转速大转矩的执行件的输入;另一是使滚珠丝杠和工作台的转动惯量在系统中占的

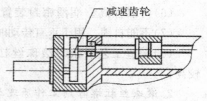

图 7-18　减速齿轮降速

比例减小。此外,对于开环系统还可以使数控系统的分辨率和实际工作台的最小移动单位统一。进给电动机和丝杠中心可以不在同一直线上,布置灵活。

为了尽量减小齿侧间隙对数控机床加工精度的影响,经常在结构上采取措施,以减小或消除齿轮副的空程误差,如采用双片齿轮错齿法、利用偏心套调整齿轮副中心距或采用轴向垫片调整法消除齿轮侧隙。

与采用同步齿形带相比,在数控机床进给传动链中采用齿轮减速装置,更易产生低频振荡,因此减速机构中常配置阻尼器来改善动态性能。

2.同步齿形带

同步齿形带传动是一种新型的带传动。它利用齿形带的齿形与带轮的轮齿依次啮合传递运动和动力,因而兼有带传动、齿轮传动及链传动的优点,且无相对滑动,平均传动比较准确,传动精度高,而且齿形带的强度高、厚度小、重量轻,故可用于高速传动。齿形带无须特别张紧,故作用在轴和轴承上的载荷小,传动效率也高,现已广泛用于一般数控机床和高速、高精度的数控机床传动,如图 7-19 所示。

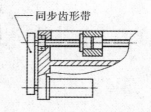

图 7-19　同步齿形带减速

7.4.5　滚珠丝杠螺母副

滚珠螺旋传动是在丝杠和螺母滚道之间放入适量的滚珠,使螺纹间产生滚动摩擦。丝杠转动时,带动滚珠沿螺纹滚道滚动。螺母上设有反向器,与螺纹滚道构成滚珠的循环通道。为了在滚珠与滚道之间形成无间隙甚至是过盈配合,可设置预紧装置。为延长工作寿命,可设置润滑件和密封件。

1.滚珠丝杠螺母副特点

滚珠螺旋传动与滑动螺旋传动或其他直线运动副相比,有下述特点。

(1)传动效率高。一般滚珠丝杠螺母副(简称滚珠丝杠副)的传动效率达 90%~95%,耗费能量仅为滑动丝杠的1/3。

（2）运动平稳。滚动摩擦因数接近常数，启动与工作摩擦力矩差别很小。启动时无冲击，预紧后可消除间隙产生过盈，提高接触刚度和传动精度。

（3）工作寿命长。滚珠丝杠螺母副的摩擦表面硬度高（HRC58—62）、精度高，具有较长的工作寿命和精度保持性。寿命约为滑动丝杠副的4～10倍。

（4）定位精度和重复定位精度高。由于滚珠丝杠副摩擦小、温升小、无爬行、无间隙，通过预紧进行预拉伸以补偿热膨胀，因此可达到较高的定位精度和重复定位精度。

（5）同步性好。用几套相同的滚珠丝杠副同时传动几个相同的运动部件，可得到较好的同步运动。

（6）可靠性高。润滑密封装置结构简单，维修方便。

（7）不能自锁。用于垂直传动时，必须在系统中附加自锁或制动装置，以防止运动部件滑落。

（8）制造工艺复杂。滚珠丝杠和螺母等零件加工精度、表面粗糙度要求高，故制造成本较高。

2.滚珠丝杠螺母副工作原理与结构

丝杠和螺母的螺纹滚道间装有承载滚珠，当丝杠或螺母转动时，滚珠沿螺纹滚道滚动，则丝杠与螺母之间相对运动时产生滚动摩擦。为防止滚珠从滚道中滚出，在螺母的螺旋槽两端设有回程引导装置，它们与螺纹滚道形成循环回路，使滚珠在螺母滚道内循环。

滚珠丝杠副中滚珠的循环方式有外循环和内循环两种。

（1）外循环。如图7-20所示，回珠滚道布置在螺母外部，滚珠在循环过程中，有部分时间与丝杠脱离接触。外循环滚珠丝杠制造工艺简单，缺点是对滚道接缝处的要求高，通常很难做到平滑，影响滚珠滚动的平稳性，严重时甚至会发生卡珠现象，其噪声也较大。

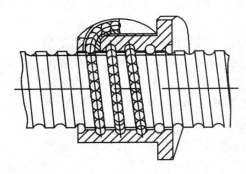

图7-20 外循环滚珠丝杠

外循环滚珠丝杠的回珠方式主要分为插管式、端盖式与螺旋槽式3种。

插管式如图7-21(a)所示，用弯管作为回珠管道，结构简单，工艺性好，承载能力较高，但径向尺寸较大。目前这种形式应用最为广泛，也可用于重载传动系统中。

端盖式如图7-21(b)所示，是在螺母壁中钻一个纵向通孔作为滚珠的返回通道，螺母两端面装有铣出短槽的盖板，短槽端部与螺纹滚道相切，并可引导滚珠进入回珠通孔构成闭合回路。其特点是结构简单，装拆方便，工艺性好，且作用可靠。但滚珠通过短槽进出口时要作急剧转弯，影响了滚珠的灵活与流畅性，且滚珠螺母的径向尺寸很大。目前这种形式日趋减少，有被淘汰之势。

螺旋槽式如图 7 - 21(c)所示,在滚珠螺母外圆柱上铣出螺旋形凹槽作为滚珠循环通道,凹槽的两端分别钻有与螺纹滚道相切的通孔,用两个挡珠器装于螺母内表面侧孔中,弧形挡珠杆与螺纹滚道相吻合,杆端部舌形部分将引导滚珠进入回珠通孔,返回初始螺纹滚道,形成滚珠链运动。为防止滚珠从回珠槽内脱出,用套筒紧套在螺母外圆柱面上,从而构成了滚珠链的封闭循环运动。这种形式结构简单,轴向排列紧凑,承载能力较高。

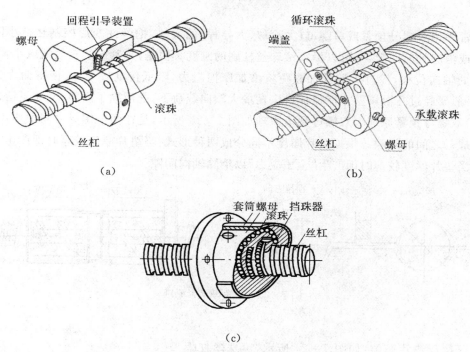

（a）　　　　　　　　　　　　　　　　　　　（b）

（c）

图 7 - 21　外循环滚珠丝杠滚珠循环方式
(a)插管式循环;(b)端盖式循环;(c)螺旋槽式循环

（2）内循环。如图 7 - 22 所示,回珠滚道布置在螺母内部,循环过程中滚珠始终与丝杠保持接触,在螺母的侧面孔内装有接通相邻滚道的反向器,利用反向器引导滚珠越过丝杠的螺纹顶部进入相邻滚道,形成一个循环回路。一般在同一螺母上装有 2～4 个滚珠用反向器,并沿螺母圆周均匀分布。单圈内循环的圈数通常为 2～4 圈,最多可达 6 圈,相应地,一个螺母上则需要装 2～4 个或 6 个反向器。对应于双列、三列、四列或六列结构,反向器分别沿螺母圆周方向互错 180°,120°,90°或 60°。反向器的轴向

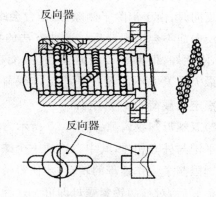

图 7 - 22　内循环滚珠丝杠滚珠循环方式

间距视反向器的结构形式而不同,选择时应尽量使螺母尺寸紧凑些。

内循环方式的优点是结构紧凑,定位可靠,刚性好,且不易发生磨损和滚珠堵塞现象;其缺点是结构复杂,反向器加工困难,装配调整也不方便,且内循环结构的滚珠丝杠螺母不能作成

多头螺纹传动。这种方式适用于高灵敏度、高精度的进给系统,不宜用于重载传动中。

3.滚珠丝杠副轴向间隙的调整和施加预紧力的方法

滚珠丝杠副除了对本身单一方向的传动精度有要求外,对其轴向间隙也有严格要求,以保证其反向传动精度。轴向间隙通常是指丝杠和螺母无相对转动时,丝杠和螺母之间的最大轴向窜动。除了结构本身的游隙之外,在施加轴向载荷之后,轴向间隙还包括弹性变形所造成的窜动。

通常采用双螺母预紧或单螺母(大滚珠、大导程)的方法,把弹性变形控制在最小限度内,以减小或消除轴向间隙,并可以提高滚珠丝杠副的刚度。但是,预紧虽能有效地减小弹性变形所带来的轴向位移,但过大的预加载荷将增加摩擦阻力,降低传动效率,并使寿命大为缩短。所以,一般要经过几次调整才能保证机床在最大轴向载荷下,既消除了间隙,又能灵活运转。

(1)双螺母预紧原理。双螺母预紧原理如图7-23所示,是在两个螺母之间加垫片来消除丝杠和螺母之间的间隙。根据垫片厚度不同分成两种形式:当垫片厚度较厚时即产生"预拉应力",而当垫片厚度较薄时即产生"预压应力"以消除轴向间隙。

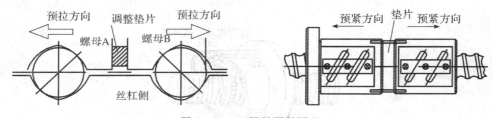

图7-23 双螺母预紧原理

1)双螺母垫片调隙:如图7-24所示,滚珠丝杠螺母副采用双螺母结构。通过改变垫片的厚度使螺母产生轴向位移,从而使两个螺母分别与丝杠的两侧面贴合。当工作台反向时,由于消除了侧隙,工作台会跟随CNC的运动指令反向而不会出现滞后。这种方法的特点是结构简单可靠,刚性好,但调整较费时间,且不能在工作中随意调整。最大预紧力不能超过平均工作载荷的33%,通常调整为额定动载荷的10%左右。

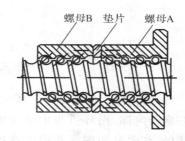

图7-24 双螺母垫片调隙

2)双螺母螺纹调隙:图7-25所示为利用两个锁紧螺母调整预紧力的结构。两个工作螺母以平键与外套相连,其中右边的一个螺母外伸部分有螺纹。当两个锁紧螺母转动时,正是由于平键限制了工作螺母的转动,才使得带外螺纹的工作螺母能相对于锁紧螺母轴向移动。间隙调整好后,对拧两锁紧螺母即可。这种方法结构紧凑,工作可靠,应用较广。

3)双螺母齿差调隙:图7-26所示是双螺母齿差调隙式结构,在两个螺母的凸缘上各制有一个圆柱齿轮,两个齿轮的齿数只相差一个,即 $Z_2 - Z_1 = 1$。两个内齿圈与外齿轮齿数分别相同,并用螺钉和销钉固定在螺母座的两端。两个齿轮分别与两端相应的内齿圈相啮合,内齿圈紧固在螺母座上。设其中的一个螺母 Z_1 转过一个齿时,丝杠的轴向移动量为为 S_1,滚珠丝杠

的导程为 T，则

$$Z_1 : 1 = T : S_1$$

即

$$S_1 = \frac{T}{Z_1}$$

如果两个齿轮同方向各转过一个齿，则丝杠的轴向位移为

$$\Delta S = S_1 - S_2 = \frac{T}{Z_1} - \frac{T}{Z_2} = \frac{T}{Z_1 Z_2}$$

例：当 $Z_1 = 99$，$Z_2 = 100$ 时，$\Delta S \approx 1\mu m$。该方法可以达到很高的调整精度。

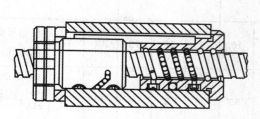

图 7-25　双螺母螺纹调隙

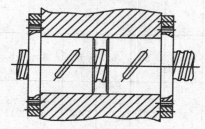

图 7-26　双螺母齿差调隙

（2）单螺母预紧原理（增大滚珠直径法）。单螺母预紧原理如图 7-27 所示，为了补偿滚道的间隙，设计时将滚珠的尺寸适当增大，使其 4 点接触，产生预紧力，为了提高工作性能，可以在承载滚珠之间加入间隔钢球。

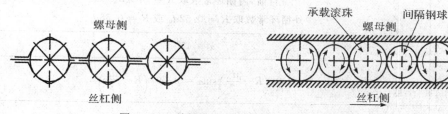

图 7-27　单螺母调隙原理（增大滚珠直径法）

（3）单螺母预紧原理（偏置导程法）。偏置导程法原理如图 7-28 所示，仅仅是在螺母中部将其导程增加一个预压量 Δ，以达到预紧的目的。

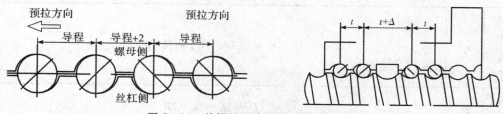

图 7-28　单螺母调隙原理（偏置导程法）

4.滚珠丝杠副的主要尺寸和精度等级

（1）主要尺寸。滚珠丝杠副的主要尺寸及其计算公式见表 7-1。

表 7-1　滚珠丝杠副的主要尺寸及其计算公式　　　　　单位：mm

主要尺寸	符号	计算公式												
标称直径（滚珠中心圆直径）	D_0	30		40		50			60			70		根据承载能力选用
导程	p	5	6	6	8	6	8	10	8	10	12	10	12	根据承载能力选用
螺旋升角	λ	3°2′	3°39′	2°44′	3°39′	2°11′	2°55′	3°39′	2°26′	3°2′	3°39′	2°17′	2°44′	$\lambda = \arctan \dfrac{p}{\pi D_0}$，一般 $\lambda = 2° \sim 5°$
滚珠直径	d_0	3.175	3.969	3.969	7.763	3.969	7.763	5.953	7.763	5.953	7.144	5.953	7.144	

主要尺寸	符号	计算公式
螺纹滚道半径	R	一般 $R = (0.52 \sim 0.58)d_0$ 目前，内循环常数取 $R = 0.52d_0$ 外循环常数取 $R = 0.52d_0$ 或 $R = 0.56d_0$
接触角	α	$\alpha = 45°$
偏心距	e	$e = \left(R - \dfrac{d_0}{2}\right)\sin\alpha = 0.707\left(R - \dfrac{d_0}{2}\right)$
丝杠外径	d	$d = D_0 - (0.2 \sim 0.25)d_0$
丝杠内径	d_1	$d_1 = D_0 + 2e - 2R$
螺纹牙顶圆角半径	r_3	$r_3 = 0.1d_0$（用于内循环）
螺母外径	D	$D = D_0 - 2e + 2R$
螺母内径	D_1	$D_1 = D_0 + (0.2 \sim 0.25)d_0$（外循环） $D_1 = D_0 + \dfrac{D_0 - d}{3}$（内循环）

　　名义直径 d_0：滚珠与螺纹滚道在理论接触角状态时包络滚珠球心的圆珠直径。

导程 p:丝杠相对于螺母旋转任意弧度时,螺母上基准点的轴向位移。

基本导程 p_0:丝杠相对于螺母旋转 2π 弧度时,螺母上基准点的轴向位移。

接触角 β:法向剖面内,滚珠球心与滚道接触点连线和螺纹轴线垂直线间的夹角。

滚珠丝杠参数见图 7-29。

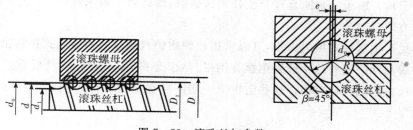

图 7-29　滚珠丝杠参数

(2)精度等级。JB316.2—82《滚珠丝杠副精度》将滚珠丝杠副的精度分为 6 个等级:C,D,E,F,G,H。C 级最高,H 级最低。滚珠丝杠副精度包括各元件的制造精度和装配后的综合精度,如丝杠公称直径尺寸变动量、丝杠和螺母的表面粗糙度、丝杠大径对螺纹轴线的径向圆跳动、导程误差等。

数控机床、精密机床和精密仪器用于进给系统时,根据定位精度和重复定位精度的要求,可选用 C,D,E 级等;一般动力传动,其精度等级偏低,可选用 F,G 级等。

5.滚珠丝杠副的安装

丝杠的轴承组合及轴承座、螺母座以及其他零件的连接刚性,对滚珠丝杠副传动系统的刚度和精度都有很大影响,需在设计、安装时认真考虑。为了提高轴向刚度,丝杠支承常用推力轴承为主的轴承组合,仅当轴向载荷很小时,才用向心推力轴承。

图 7-30(a)所示的支承方式,仅在一端装可以承受双向轴向载荷与径向载荷的推力角接触球轴承或滚针-推力圆柱滚子轴承,并进行轴向预紧;另一端完全自由,不作支承。其结构简单,但承载能力较小,总刚度较低,且随着螺母位置的变化刚度变化较大。通常适用于丝杠长度、行程不长的情况。

图 7-30(b)所示的支承方式,在一端装可以承受双向轴向载荷与径向载荷的推力角接触球轴承或滚针推力圆柱滚子轴承,另一端装向心球轴承,仅作径向支承,轴向游动,提高了临界转速和抗弯强度,可以防止丝杠高速旋转时的弯曲变形,适用于丝杠长度、行程较长的情况。

图 7-30(c)所示的支承方式,在滚珠丝杠的两端装推力轴承,并进行轴向预紧,有助于提高传动刚度。丝杠热变形伸长时,将使轴承去载,产生轴向间隙。为使丝杠具有较大刚度,它的两端可用双重支承,即推力轴承加深沟球轴承,并施加预紧拉力。这种结构方式可使丝杠的温度变形转化为推力轴承的预紧力,但设计时要求提高推力轴承的承载能力和支架刚度。

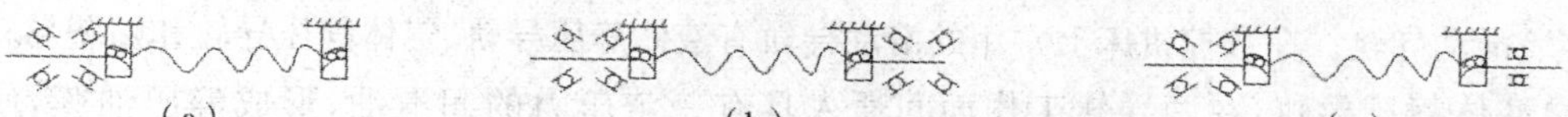

| (a) | (b) | (c) |

图 7-30　滚珠丝杠支承形式

6.滚珠丝杠副的防护

滚珠丝杠副如果在滚道上落入了脏物,或使用不干净的润滑油,不仅会妨碍滚珠的正常运转,而且会使磨损急剧增加。对于制造误差和预紧变形量以微米计的滚珠丝杠副来说,这种磨损就特别敏感。因此有效地防护密封和保持润滑油的清洁就显得十分必要。通常采用毛毡圈对螺母进行密封。由于密封圈直接与丝杠紧密接触,因此防尘效果较好,但也增加了滚珠丝杠副的摩擦阻力矩。

为了避免产生这种摩擦阻力矩,可以采用较硬质塑料制成的非接触式迷宫密封圈。

对于暴露在外面的丝杠一般采用螺旋钢带、伸缩套筒、锥形套管以及折叠式防护罩,以防止尘埃和磨粒黏附到丝杠表面。这些防护罩一端连接在滚珠螺母的端面,另一端固定在滚珠丝杠的支承座上。

7.4.6 导轨副

进给传动机构中,导轨起支承和导向的作用,支承运动部件并保证运动部件在外力(运动部件本身的重量、工件的重量、切削力、牵引力等)的作用下,能准确地沿着一定的方向运动。

在导轨副中,运动的一方称为活动导轨,不动的一方称为支承导轨。导轨的精度和性能直接影响机床的加工精度、承载能力和使用寿命。

1.对导轨的基本要求

(1)导向精度。导向精度主要是指动导轨沿支承导轨运动的直线度或圆度。影响导向精度的主要因素有导轨的几何精度、接触精度、结构形式、刚度、热变形、装配质量以及液体动压和静压导轨的油膜厚度、油膜刚度等。

(2)耐磨性。耐磨性是指导轨在长期使用过程中能否保持一定的导向精度。因导轨在工作过程中难免有所磨损,所以应力求减小磨损量,并在磨损后能自动补偿或便于调整。

(3)疲劳和压溃。导轨面由于过载或接触应力不均匀而使导轨表面产生弹性变形,反复运行多次后就会形成疲劳点,呈塑性变形,表面形成龟裂、剥落而出现凹坑,这种现象就是压溃。疲劳和压溃是滚动导轨失效的主要原因,为此应控制滚动导轨承受的最大载荷和受载的均匀性。

(4)刚度。导轨受力变形会影响导轨的导向精度及部件之间的相对位置,因此要求导轨应有足够的刚度。为减轻或平衡外力的影响,可采用加大导轨尺寸或添加辅助导轨的方法提高刚度。

(5)低速运动平稳性。低速运动时,作为运动部件的动导轨易产生爬行现象。低速运动的平稳性与导轨的结构和润滑,动、静摩擦因数的差值,以及导轨的刚度等有关。

(6)结构工艺性。设计导轨时,要注意制造、调整和维修的方便,力求结构简单,工艺性及经济性好。

2.导轨副的分类

数控机床常用的导轨按其接触面间摩擦性质的不同可分为滑动导轨和滚动导轨。

(1)滑动导轨。在数控机床上常用的滑动导轨有液体静压导轨、气体静压导轨和贴塑导轨。

1)液体静压导轨:在两导轨工作面间通入具有一定压力的润滑油,形成静压油膜,使导轨工作面间处于纯液态摩擦状态,摩擦因数极低,多用于进给运动导轨。

2)气体静压导轨:在两导轨工作面间通入具有恒定压力的气体,使两导轨面形成均匀分离,以得到高精度的运动。这种导轨摩擦因数小,不易引起发热变形,但会随空气压力波动而使空气膜发生变化,且承载能力小,故常用于负荷不大的场合。

　　3)贴塑导轨:在动导轨的摩擦表面上贴上一层由塑料等其他化学材料组成的塑料薄膜软带,其优点是导轨面的摩擦因数低,且动、静摩擦因数接近,不易产生爬行现象;塑料的阻尼性能好,具有吸收振动能力,可减小振动和噪声;耐磨性、化学稳定性,可加工性能好,工艺简单,成本低。

　　a. 聚四氟乙烯导轨软带。聚四氟乙烯导轨软带以聚四氟乙烯为基体,加入青铜粉、二硫化钼和石墨等填充剂混合烧结而成,具有摩擦特性好、耐磨性好、减振性好等优点;缺点是承载能力低、尺寸稳定性较差。该种软带可在原有滑动导轨面上用黏合剂黏结,加压固化后进行精加工,故这种导轨一般称之为贴塑导轨,如图 7-31 所示。

　　b. 环氧型耐磨涂料。这种涂料以环氧树脂为基体,加入二硫化钼和胶体石墨以及铁粉等混合而成,再配以固化剂调匀涂刮或注入导轨面,故这种导轨一般称之为"注塑导轨"或"涂塑导轨",如图 7-32 所示。这种涂料具有良好的摩擦特性和耐磨性,它与铸铁导轨副的摩擦因数较低,在无润滑油的情况下仍有较好的润滑和防止爬行的效果。其抗压强度比贴塑软带高,尺寸稳定。

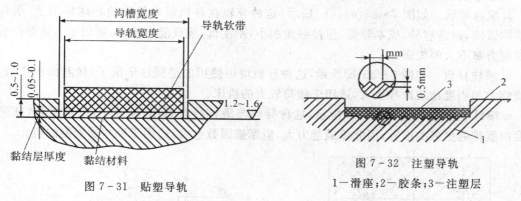

图 7-31　贴塑导轨

图 7-32　注塑导轨
1—滑座;2—胶条;3—注塑层

　　(2)滚动导轨。

　　1)滚动导轨的特点。如图 7-33 所示,滚动直线导轨副是在滑块与导轨之间放入适当的滚动体,使滑块与导轨之间的滑动摩擦变为滚动摩擦,大大降低二者之间的运动摩擦阻力,从而获得以下优点:

　　a. 承载能力大。其滚道采用圆弧形式,增大了滚动体与圆弧滚道接触面积,从而大大地提高了导轨的承载能力。

图 7-33　滚动导轨

　　b. 刚性强。在制作滚动导轨时,常需要预加载荷,这使导轨系统刚度得以提高。所以滚动直线导轨在工作时能承受较大的冲击和振动。

　　c. 寿命长。由于是纯滚动,摩擦因数为滑动导轨的 1/50 左右,磨损小,因而寿命长,功耗低,便于机械小型化。

　　d. 成本低。成对使用导轨副时,具有"误差均化效应",从而降低基础件(导轨安装面)的加工精度要求,降低基础件的机械制造成本与难度。

　　e.传动平稳可靠。由于摩擦力小,动作轻便,因而定位精度高,微量移动灵活准确。

　　f.具有结构自调整能力。装配调整容易,因此降低了对配件加工精度要求。

　　h.耐磨性好。导轨采用表面硬化处理,使导轨具有良好的耐磨性;心部保持良好的机械性能。

　　i.简化了机械结构的设计和制造。

　　2)滚动导轨的结构。图7-34所示为一种滚动导轨块组件,其特点是刚度高,承载能力大,导轨行程不受限制。当运动部件移动时,滚珠在支承部件的导轨与本体6之间滚动,同时绕本体6循环滚动。每一导轨上使用导轨块的数量可根据导轨的长度和负载的大小确定。

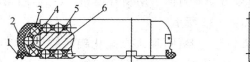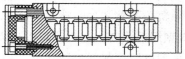

图7-34　滚动导轨块结构
1—防护板;2—端盖;3—滚珠;4—导向片;5—保护架;6—本体

　　滚动导轨按滚动体的形状可分为滚珠导轨、滚柱导轨和滚针导轨,如图7-35所示。

　　a.滚珠导轨。如图7-35(a),(b)所示,这种导轨在导轨块中使用的是球形滚子(滚珠)。其结构紧凑,制造容易,成本较低,但接触面积小,刚度低,承载能力较小,适用于运动部件重量和切削力都不大的机床。

　　b.滚柱导轨。如图7-35(c)所示,这种导轨块中使用的是圆柱形滚子,接触面积比较大,承载能力和刚度比滚珠导轨大,适用于载荷较大的机床。

　　c.滚针导轨。如图7-35(d)所示,这种导轨与滚柱导轨相比,尺寸小,结构紧凑,在同样长度内能排列更多的滚针,因此承载能力大,但摩擦因数也大,适用于尺寸受限制的机床。

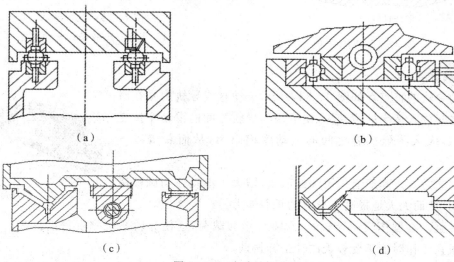

图7-35　滚动导轨分类

　　直线滚动导轨的特点是摩擦因数小,精度高,安装和维修都很方便。由于直线滚动导轨是一个独立的部件,对机床支承导轨部分的要求不高,既不需要淬硬也不需要磨削或刮研,只需精铣或精刨。滚动导轨的缺点:结构较复杂,制造较困难,因此成本较高;对脏物较敏感,必须要有良好的防护装置。

(3)液体静压导轨。在两个相对运动的导轨面间通以压力油,将运动件浮起,使导轨面间处于纯液体摩擦状态,这类导轨称为液体静压导轨。液体静压导轨采用液压方式,其优点:摩擦因数极小,无黏结滑移现象;导轨面局部的凹凸不影响移动精度;非接触引导无轨面磨损;移动时无噪声;受温度变化的影响较小;有吸收共振的功能;刚性较好。其缺点:需要有气压或油压供应,轨面需耐蚀。为了在大承载量的时候进行高精度加工,采用相对载荷变化油膜厚度不变的定压比阀式的静压导轨,并采用高效、高精度进给的静压蜗杆齿条传动。故液体静压导轨主要用于大型、重型数控机床上。

液体静压导轨的结构形式可分为开式和闭式两种。开式静压导轨是指导轨只设置在床身的一边,依靠运动件自重和外载荷保持运动件不从床身上分离,因此只能承受单向载荷,而且承受偏载力矩的能力差,适用于载荷较均匀,偏载和倾覆力矩小的水平放置的场合。而闭式静压导轨是指导轨设置在床身的几个方向,并在导轨的几个方向开若干个油腔,能限制运动件从床身上分离,因此能承受正、反向载荷,承受偏载荷及颠覆力矩的能力较强,油膜刚度高,可应用于载荷不均匀,偏载大及有正、反向载荷的场合。

开式静压导轨原理如图 7-36 所示,来自油泵的压力油 p_0 经节流器压力降到 p_1,进入导轨的各个油腔内,通过油腔内的油液压力把工作台浮起,使工作台导轨面与床身面之间形成一层厚度为 h_0 的油膜,将两相对运动副分隔开,形成纯液体摩擦。油腔中的油穿过各油腔的封油间隙,流回油箱,压力降为零。当工作台在外载 W 作用下向下产生一个位移时,导轨间隙由 h_0 变为 $h(h < h_0)$,使油腔回油阻力增大,油腔中的油压由 p_0 升到 p_1 以平衡外载,使导轨仍处在纯液体摩擦条件下工作。

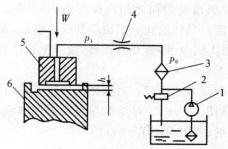

图 7-36　开式静压导轨工作原理
1—液压泵;2—溢流阀;3—过滤器;4—节流器;5—运动导轨;6—床身

对于闭式液体静压导轨,其导轨的各个方向导轨面上均开有油腔,所以闭式导轨具有承受各方向载荷的能力,且其导轨保持平衡性较好。如图 7-37 所示,设油腔 I,II,III,IV,V,VI 处的油压分别为 p_1,p_2,p_3,p_4,p_5,p_6。当工作台受到颠覆力矩 M 时,油腔 IV 和 II 的间隙增大,油腔 I 和 V 间隙减小,由于各节流器的作用,油腔 III 和 IV 的压力 p_3 和 p_4 减小,而油腔 I 和 VI 的压力 p_1 和 p_6 增大,这些力作用在工作台上,并形成一个与颠覆力矩反向的力矩,从而使工作台保持平衡。

空气静压导轨则是指在两导轨工作面之间通入具有一定压力的气体后,可形成静压气膜,使两导轨面形成均匀分离,以得到高精度的运动,原理与液体静压导轨基本相同。

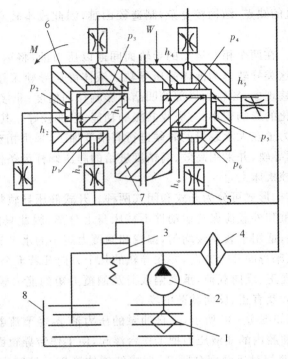

图 7 - 37　闭式静压导轨工作原理

1—滤油器；2—油泵；3—溢流阀；4—滤油器；5—节流器；6—运动导轨；7—固定导轨；8—油箱

3.导轨副间隙调整

为保证导轨正常工作,导轨滑动表面之间应保持适当的间隙。间隙过小,会增加摩擦阻力;间隙过大,会降低导向精度。导轨的间隙如依靠刮研来保证,要费很大的劳动量,而且导轨经长期使用后,会因磨损而增大间隙,需要及时调整,故导轨应有间隙调整装置。矩形导轨需要在垂直和水平两个方向上调整间隙。

常用的调整方法有压板和镶条法两种。对燕尾形导轨可采用镶条(垫片)方法同时调整垂直和水平两个方向的间隙(见图 7 - 38)。对矩形导轨可采用修刮压板、修刮调整垫片的厚度或调整螺钉的方法进行间隙的调整(见图 7 - 39)。

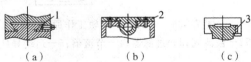

（a）　　　　　　（b）　　　　　　（c）

图 7 - 38　燕尾导轨及其组合的间隙调整

1—斜镶条；2—压板；3—直镶条

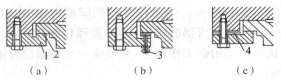

（a）　　　　　　（b）　　　　　　（c）

图 7 - 39　矩形导轨垂直方向间隙的调整

1—压板；2—接合面；3—调整螺钉；4—调整垫片

4.导轨的润滑和防护

导轨良好的润滑,可以减少摩擦阻力和摩擦磨损,避免低速爬行,降低高速时的温升。导轨常用的润滑剂有润滑油和润滑脂,滑动导轨主要用润滑油,而滚动导轨两种均可采用。数控机床上滑动导轨的润滑主要采用压力润滑。

导轨防护的目的是为了防止切屑、磨粒或冷却液散落在导轨面上,引起磨损、擦伤和锈蚀,导轨面上应有可靠的防护装置。常用的防护装置有刮板式、卷帘式和叠层式防护套,它们大多用于长导轨的机床,另外还有伸缩式防护罩等。

7.5　数控机床的辅助装置

【考试知识点】

(1)回转刀架的结构与工作过程;

(2)刀库的分类与特点;

(3)分度工作台与回转工作台的结构与功能;

(4)数控机床的液压系统。

7.5.1　自动换刀装置

1. 自动换刀装置的作用

自动换刀装置是储备一定数量的刀具并完成刀具的自动交换功能的装置。其优点:可帮助数控机床缩短非切削时间,提高生产率,可使非切削时间减少到 $20\% \sim 30\%$;并满足在一次安装中完成多工序、工步加工要求,扩大数控机床工艺范围,减少设备占地面积;提高加工精度。

2. 对自动换刀装置的要求

数控机床对自动换刀装置的要求:换刀迅速、时间短,重复定位精度高,识刀、选刀可靠,换刀动作简单;刀具储存量足够,所占空间位置小,工作稳定可靠;刀具装卸、调整、维护方便。

自动换刀装置是加工中心的重要执行机构,它的形式多种多样,目前常见的是回转刀架。

3. 回转刀架的结构与工作过程

数控机床使用的回转刀架是最简单的自动换刀装置,有四方刀架、六角刀架,即在其上装有 4 把、6 把或更多的刀具。其特点是结构简单、紧凑,但空间利用率低,刀库容量小。

回转刀架必须具有良好的强度和刚度,以承受粗加工的切削力;同时要保证回转刀架在每次转位的重复定位精度。

图 7-40 所示为数控车床四方回转刀架。其工作过程为:刀架抬起→刀架转位→刀架定位→夹紧刀架。

(1)刀架抬起。当数控装置发出换刀指令后,电动机 1 启动,通过套筒联轴器 2 使蜗杆轴 3 转动,从而带动蜗轮丝杠 4 转动。刀架体 7 的内孔加工有螺纹,与蜗轮丝杠旋合,蜗轮与丝杠为整体结构。蜗轮丝杠内孔与刀架中心轴是间隙配合,在转位换刀时,中心轴固定不动,蜗轮丝杠绕中心轴旋转。当蜗轮开始转动时,由于刀架底座 5 和刀架体 7 上的端面齿处在啮合状态,且蜗轮丝杠轴向固定,因此刀架体 7 抬起。

(2)刀架转位。刀架体抬至一定距离后,刀架底座 5 和刀架体 7 的端面齿脱开,转位套 9

用销钉与蜗轮丝杠 4 连接,随蜗轮丝杠一同转动,当端面齿完全脱开时转位套正好转过 160°(见图 7-40),球头销 8 在弹簧力的作用下进入转位套 9 的槽中,带动刀架体转位。

（3）刀架定位。刀架体 7 转动时带着电刷座 10 转动,当转到程序指定的刀号时,粗定位销 15 在弹簧力的作用下进入粗定位盘 6 的槽中进行粗定位,同时电刷 13 接触导体使电动机 1 反转。由于粗定位槽的限制,刀架体 7 不能转动,使其在该位置垂直落下,刀架体 7 和刀架底座 5 上的端面齿啮合实现精确定位。

（4）夹紧刀架。电动机继续反转,此时蜗轮停止转动,蜗杆轴 3 自身转动,当两端面齿夹紧力增加到一定值时,电动机 1 停止转动。译码装置由发信体 11 和电刷 13,14 组成,电刷 13 负责发信号,电刷 14 负责位置判断。当刀架定位出现过位或不到位时,可松开螺母 12,调好发信体 11 与电刷 14 的相对位置。

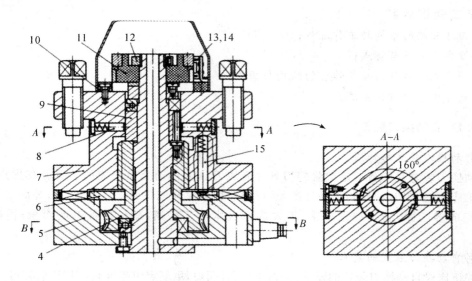

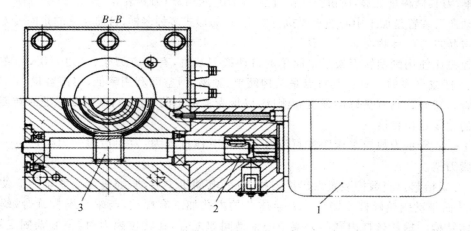

图 7-40　数控车床四方刀架

1—直流伺服电动机;2—联轴器;3—蜗杆轴;4—蜗轮丝杠;5—刀架底座;6—粗定位盘;7—刀架体;
8—球头销;9—转位套;10—电刷座;11—发信体;12—螺母;13,14—电刷;15—粗定位销

7.5.2　刀库

带刀库的自动换刀装置由刀库和刀具交换机构组成。首先把加工过程中需要使用的全部刀具分别安装在标准刀柄上,在机外进行尺寸预调整后,按一定的方式放入刀库中去。换刀时先在刀库中进行选刀,并由刀具交换装置从刀库和主轴上取出刀具,在交换刀具之后,将新刀具装入主轴,把旧刀具放回刀库。存放刀具的刀库具有较大的容量,它既可以安装在主轴箱的侧面或上方,也可作为单独部件安装到机床以外,并由搬运装置运送刀具。带刀库的自动换刀装置特别适合数控钻床、数控铣床、数控镗床及各类加工中心。

刀库是自动换刀装置中最主要的部件之一,其容量、布局及具体结构对数控机床的总体设计有很大影响。

1.刀库容量

刀库容量指刀库存放刀具的数量,一般根据加工工艺要求而定。刀库容量小,不能满足加工需要;容量过大,又会使刀库尺寸大,占地面积大,选刀过程时间长,且刀库利用率低,结构过于复杂,造成很大浪费。刀库的储存量一般在 8～64 把范围内,多的可达 100～200 把。

2.刀库类型

刀库类型一般有盘式、链式及格子式等几种,如图 7－41 所示。

(1)盘式刀库。如图 7－41(a)所示,刀具呈环形排列,可以沿主轴轴向、径向、斜向安放,刀具轴向安装的结构最为紧凑。但为了换刀时刀具与主轴同向,有的刀库中的刀具需在换刀位置作 90°翻转。目前大量的刀库安装在机床立柱的顶面或侧面。在刀库容量较大时,也有安装在单独的地基上,以隔离刀库转动造成的振动。这种盘式刀库结构简单,应用较多,适用于刀库容量较小的情况。为增加刀库空间利用率,可采用双环或多环排列刀具的形式。但盘直径增大,转动惯量增加,选刀时间也会增加。

(2)链式刀库。如图 7－41(b)所示,通常刀具容量比盘式的要大,结构也比较灵活和紧凑,常为轴向换刀。链环可根据机床的布局配置成各种形状,也可将换刀位置刀座突出以利于换刀。另外还可以采用加长链带方式加大刀库的容量,也可采用链带折叠加绕的方式提高空间利用率,在要求刀具容量很大时还可以采用多条链带结构。

(3)格子式刀库。刀具分几排直线排列,由纵横向移动的取刀机械手完成选刀运动,将选取的刀具送到固定的换刀位置刀座上,由换刀机械手交换刀具。由于刀具排列密集,空间利用率高,刀库容量大,但选刀、取刀动作复杂,多用于 FMS 的集中供刀系统,如图 7－41(c)所示。

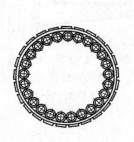 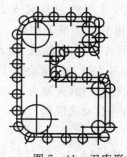 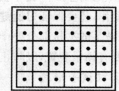

图 7－41　刀库形式
(a)盘式;(b)链式;(c)格子式

3.选刀方式

常用的选刀方式有顺序选刀和任意选刀两种。

(1)顺序选刀。任意将刀具按预定工序的先后顺序插入刀库的刀座中,使用时按顺序转到取刀位置。用过的刀具放回原来的刀座内,也可以按加工顺序放入下一个刀座内。特点是不需要刀具识别装置,驱动控制也较简单,工作可靠。但刀库中每一把刀具在不同的工序中不能重复使用,为了满足加工需要只有增加刀具的数量和刀库的容量,这就降低了刀具和刀库的利用率。而且加工零件改变时,刀具要按加工零件的加工顺序重新排列,增加了机床的准备时间。此外,装刀时必须十分谨慎,如果刀具不按顺序装在刀库中,将会产生严重的后果。这种方式现在已很少采用。

(2)任意选刀。这种选刀方式的特点是在安装有位置检测装置的刀库中,刀具在刀库中任意放置,刀具编号可任意设定;把刀具号和刀库上的存刀位置相对应地存储在计算机的存储器中,计算机始终跟踪着刀具在刀库中的实际位置。加工中刀具可以随机取存。而且不必对刀具进行编码,也省去编码识别装置。计算机通过查刀具表识别刀具;换刀时,通过软件修改刀具表,使相应刀具表中的刀号与交换后的刀号一致。现在大多数加工中心采用计算机记忆方式来选取加工所需的刀具,不但简化了控制系统,而且增加了可靠性。

4.刀柄的形式

数控机床刀具必须装在标准的刀柄内,刀柄的结构形式分为整体式与模块式两种。整体式刀柄装夹刀具的工作部分与它在机床上安装定位用的柄部是一体的。这种刀柄对机床与零件的变换适应能力较差。为适应零件与机床的变换,用户必须储备各种规格的刀柄,因此刀柄的利用率较低。模块式刀具系统是一种较先进的刀具系统,其每把刀柄都可通过各种系列化的模块组装而成。针对不同的加工零件和机床,采取不同的组装方案,可获得多种刀柄系列,从而提高刀柄的适应能力和利用率。

目前在我国应用较为广泛的有 BT 刀柄与 HSK 刀柄等,选择时应考虑刀柄规格与机床主轴、机械手相适应。数控刀具刀柄多数采用 7∶24 圆锥工具刀柄,并采用相应形式的拉钉与机床主轴相配合。这类圆锥形刀柄有自定心的作用,中低速加工时能够保持回转精度,并且当刀柄稍有磨损也不会过分影响刀具的安装精度。

图 7-42 为 BT 刀柄简图,其中 3 为刀柄定位及夹持部位,2 为机械手抓取部位,1 为键槽,用于传递切削转矩,4 为螺孔,用于安装拉钉,起到连接刀具与机床的作用。刀具的轴向尺寸和径向尺寸应先在调刀仪上调整好,才可将刀具装入刀库中。丝锥、铰刀要先装在浮动夹具内,再装入标准刀柄内。

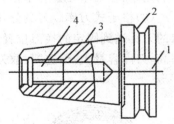

图 7-42 BT 刀柄简图
1—键槽;2—机械手夹持环;
3—7∶24 锥面;4—螺孔

在换刀过程中,由于机械手抓住刀柄要作快速回转,拔、插刀具的动作,还要保证刀柄键槽的角度位置对准主轴上的驱动键,因此,机械手的夹持部分要十分可靠,并保证有适当的夹紧力,其活动爪要有锁紧装置,以防止刀具在换刀过程中转动或脱落。

5.机械手形式

(1)单臂单爪回转式机械手(见图 7-43(a))。这种机械手的手臂可以回转不同的角度进行自动换刀,手臂上只有一个手爪,不论在刀库上或在主轴上,均靠这一个手爪来装刀及卸刀,因此换刀时间较长。

（2）单臂双爪摆动式机械手（见图 7－43(b)）。这种机械手的手臂上有两个手爪，其分工不同，一个手爪只执行从主轴上取下"旧刀"送回刀库的任务，另一个手爪则执行由刀库取出"新刀"送到主轴的任务。其换刀时间较上述单爪回转式机械手要少。

（3）单臂双爪回转式机械手（见图 7－43(c)）。这种机械手的手臂两端各有一个手爪，两个手爪可同时抓取刀库及主轴上的刀具，回转 180°后，又同时将刀具放回刀库及装入主轴。其换刀时间较以上两种单臂机械手均短，是最常用的一种形式。图 7－43(c)右图所示的一种机械手在抓取刀具或将刀具送入刀库及主轴时，两臂可伸缩。

（4）双机械手（见图 7－43(d)）。这种机械手相当于两个单爪机械手，相互配合起来进行自动换刀。其中一个机械手从主轴上取下"旧刀"送回刀库，另一个机械手由刀库里取出"新刀"装入机床主轴。

（5）双臂往复交叉机械手（见图 7－43(e)）。这种机械手的两手臂可以往复运动，并交叉成一定的角度。一个手臂从主轴上取下"旧刀"送回刀库，另一个手臂由刀库取出"新刀"装入主轴。整个机械手可沿某导轨直线移动或绕某个转轴回转，以实现刀库与主轴间的运刀运动。

（6）双臂端两夹紧机械手（见图 7－43(f)）。这种机械手只是在夹紧部位上与前几种不同。前几种机械手均靠夹紧刀柄的外圆表面以抓取刀具，这种机械手则夹紧刀柄的两个端面。

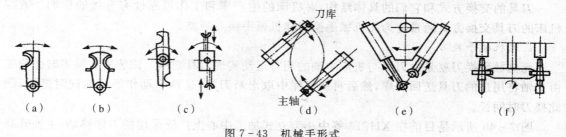

图 7－43　机械手形式

6.机械手夹持方式

机械手对刀具的夹持方式主要有以下两种。

（1）柄式夹持。刀柄前端有 V 形槽，供机械手夹持用，目前我国数控机床较多采用这种夹持方式。如图 7－44 所示为机械手柄式夹持示意图。机械手柄由固定爪及活动爪组成，活动爪可绕轴回转，其一端在弹簧柱塞的作用下，支靠在挡销上，调整螺栓以保持手爪适当的夹紧力，锁紧销使活动爪牢固夹持刀柄，防止刀具在交换过程中松脱。锁紧销要轴向压进，放松活动爪，以便抓刀或松刀时手爪从刀柄 V 形槽中退出。

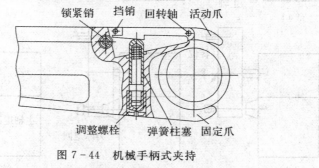

图 7－44　机械手柄式夹持

（2）法兰盘式夹持。法兰盘式夹持也称径向夹持或碟式夹持，如图 7－45 所示，在刀柄的前端有供机械手夹持用的法兰盘,图中所示为采用带洼形肩面的法兰盘供机械手夹持用。图7-45(a)上图为松开状态,下图为夹持状态。采用法兰盘式夹持的突出优点:当采用中间搬运装置时,可以很方便地从一个机械手过渡到另一个辅助机械手上去,如图7-45(b)所示。法兰盘式夹持方式换刀动作较多,不如柄式夹持方式应用广泛。

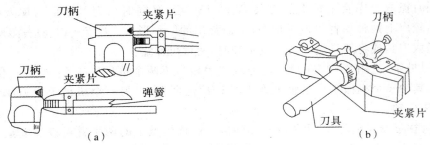

图 7 - 45 法兰盘式夹持

7.5.3 刀具交换装置

刀具的交换方式和它们的具体结构,对机床的生产率和工作可靠性有直接的影响。数控机床的刀具交换方式通常分为无机械手换刀和机械手换刀两类。

1.无机械手换刀

无机械手换刀就是由刀库与机床主轴的相对运动实现刀具交换。该装置在换刀时必须先由主轴将用过的刀具送回刀库,然后再从刀库中取出新刀具,这两个动作不可能同时进行,因此换刀时间长。

图7-46所示是目前在XH713等中小型立式加工中心上广泛采用的刀库移动-主轴升降式换刀方式。

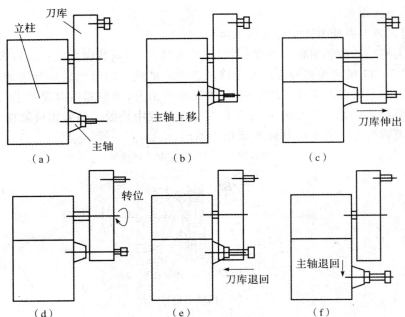

图 7 - 46 无机械手换刀方式

换刀动作可分解如下：

(1)主轴准停，主轴箱沿 Y 轴上升。这时刀库上刀位的空挡正对着交换位置，装卡刀具的卡爪打开，如图 7-46(a)所示。

(2)主轴箱上升到极限位置，被更换的刀具刀杆进入刀库空刀位，即被刀具定位卡爪钳住，与此同时，主轴内刀杆自动夹紧装置放松刀具，如图 7-46(b)所示。

(3)刀库伸出，从主轴锥孔中将刀拔出，如图 7-46(c)所示。

(4)刀库转位，按照程序指令要求，将选好的刀具转到最下面的位置，同时，压缩空气将主轴锥孔吹净，如图 7-46(d)所示。

(5)刀库退回，同时将新刀插入主轴锥孔，主轴内刀具夹紧装置将刀杆拉紧，如图 7-46(e)所示。

(6)主轴下降到加工位置并启动，开始下一步的加工，如图 7-46(f)所示。

这种换刀机构中不需要机械手，结构比较简单。刀库旋转换刀时，机床不工作，因而影响到机床的生产效率。

2.机械手换刀

相比之下，有机械手参与换刀动作的加工中心，由于刀库旋转选刀时，主轴仍然可以工作，生产效率则可提高较多。

有机械手的加工中心的换刀动作则可分解如下：

(1)分度：由低速力矩电机驱动，通过槽轮机构实现刀库的分度运动，将刀库上接受刀具的空刀座转到换刀所需的预定位置，如图 7-47(a)所示。

(2)接刀：汽缸活塞杆推出，将刀库接受刀具的空刀座送至主轴下方并卡住刀柄定位槽，如图 7-47(b)所示。

(3)卸刀：主轴松刀，铣头上移至第一参考点，刀具留在空刀座内，如图 7-47(c)所示。

(4)再分度：再次通过分度运动，将刀库上选择的刀具转到主轴正下方，如图 7-47(d)所示。

(5)装刀：铣头下移，主轴夹刀，刀库汽缸活塞杆缩回，刀库复位，完成换刀动作，如图 7-47(e)(f)所示。

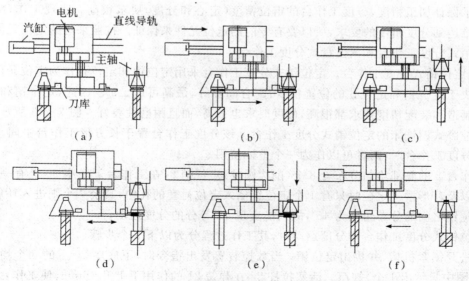

图 7-47　机械手换刀方式

采用机械手进行刀具交换的方式应用最为广泛,这是因为机械手换刀有很大的灵活性而且可以减少换刀时间。目前在加工中心上绝大多数都使用记忆式的任选换刀方式。这种方式能将刀具号和刀库中的刀套位置(地址)对应地记忆在数控系统的 PC 中,不论刀具放在哪个刀套内都始终记忆着它的位置。刀库上装有位置检测装置(一般与电动机装在一起),可以检测出每个刀套的位置,这样刀具就可以任意取出并送回。刀库上还设有机械原点,使每次选刀时,就近选取,如对于盘式刀库来说,每次选刀运动或正转或反转不会超过 180°。

7.5.4 数控工作台

数控机床工作台有多种分类方法。根据工作台是否运动,可以分为移动数控机床工作台和固定式数控机床工作台。根据形状可以分为长方形数控机床工作台、圆形数控工作台、方形数控机床工作台等。

长方形数控机床工作台只能作直线移动而不能转动。正方形数控机床工作台一般可以360°旋转,但是工作位置以 0°,90°,180°,270° 4 个位置为主。圆形数控机床工作台可以实现圆周进给。

通常,五轴加工中心使用圆形回转工作台,卧式加工中心使用正方形工作台,数控铣床和立式加工中心使用长方形工作台。

回转工作台是数控铣床、数控镗床、加工中心等数控机床不可缺少的重要附件(或部件)。它的作用是按照控制装置的信号或指令作回转分度或连续回转进给运动,以使数控机床能完成指定的加工工序。常用的回转工作台有分度工作台和数控回转工作台。

1.分度工作台

分度工作台的功能是完成回转分度运动,即在需要分度时,将工作台及其工件回转一定角度,其作用是在加工中自动完成工件的转位换面,实现工件一次安装完成几个面的加工。由于结构上的原因,通常分度工作台的分度运动只限于某些规定的角度,不能实现范围内任意角度的分度。

为了保证加工精度,分度工作台的定位精度(定心和分度)要求很高。实现工作台转位的机构很难达到分度精度的要求,所以要有专门的定位元件来保证。按照采用的定位元件不同,有定位销式分度工作台和鼠齿盘式分度工作台。

(1)定位销式分度工作台。定位销式分度工作台采用定位销和定位孔作为定位元件,定位精度取决于定位销和定位孔的位置精度、配合间隙等,最高可达 ±5″。因此,定位销和定位孔衬套的制造和装配精度要求都很高,硬度要求也很高,而且耐磨性要好。图 7-48 所示是自动换刀数控卧式镗铣床的定位销式分度工作台。该分度工作台置于长方形工作台中间,在不单独使用分度工作台时,两者可以作为一个整体使用。

工作台 2 的底部均匀分布着 8 个(削边圆柱)定位销 8,在工作台下底座 20 上有一个定位衬套 7 以及环形槽。定位时只有 1 个定位销插入定位衬套的孔中,其余 7 个则进入环形槽中。因为定位销之间的分布角度为 45°,故只能实现 45°等分的分度运动。

定位销式分度工作台作分度运动时,其工作过程分为以下 3 个步骤。

1)松开锁紧机构,并拔出定位销。当数控装置发出指令时,下底座 20 上的 6 个均布锁紧油缸 9(图中只示出 1 个)卸荷。活塞拉杆 22 在弹簧 21 的作用下上升 15mm,使工作台 2 处于松开状态。同时,间隙消除油缸 6 也卸荷,中央油缸 16 从管道 15 进压力油,使活塞 17 上升,并通过螺栓 18、支座 5 把止推轴承 13 向上抬起，顶在上底座 12 上，再通过螺钉 4、锥套 3 使工作台 2 抬起 15mm，圆柱销从定位衬套 7 中拔出。

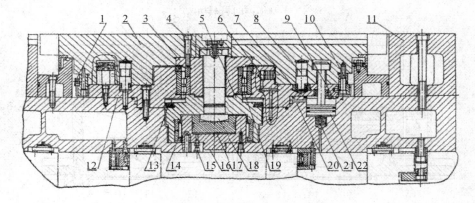

图 7-48　定位销式分度工作台

1—挡块；2—工作台；3—锥套；4—螺钉；5—支座；6—油缸；7—定位衬套；8—定位销；
9—锁紧油缸；10—大齿轮；11—长方形工作台；12—上底座；13—止推轴承；14—滚针
轴承；15—进油管道；16—中央油缸；17—活塞；18—螺栓；19—双列圆柱滚子轴承；
20—下底座；21—弹簧；22—活塞拉杆

2) 工作台回转分度。工作台抬起之后发出信号使油马达驱动减速齿轮（图中未示出），带动与工作台 2 底部连接的大齿轮 10 回转，进行分度运动。在大齿轮 10 上以 45° 的间隔均布八个挡块 1，分度时，工作台先快速回转。当定位销即将进入规定位置时，挡块碰撞第一个限位开关，发出信号使工作台降速；当挡块碰撞第二个限位开关时，工作台 2 停止回转，此时，相应的定位销 8 正好对准定位衬套 7。

3) 工作台下降并锁紧。分度完毕后，发出信号使中央油缸 16 卸荷，工作台 2 靠自重下降，定位销 8 插入定位衬套 7 中，在锁紧工作台之前，消除间隙的油缸 6 通压力油，活塞顶向工作台 2，消除径向间隙，然后使锁紧油缸 9 的上腔通压力油，活塞拉杆 22 下降，通过拉杆将工作台锁紧。

工作台的回转轴支承在加长型双列圆柱滚子轴承 19 和滚针轴承 14 中，轴承 19 的内孔带有 1∶12 的锥度，用来调整径向间隙。另外，它的内环可以带着滚柱在加长的外环内作 15mm 的轴向移动。当工作台抬起时，支座 5 的一部分推力由止推轴承 13 承受，这将有效地减小分度工作台的回转摩擦阻力矩，使工作台 2 转动灵活。

(2) 鼠齿盘式分度工作台。鼠齿盘式分度工作台由工作台面、底座、压紧液压缸、鼠齿盘、伺服电动机、同步带轮和齿轮转动装置等零件组成，是一种应用很广的分度装置。鼠齿盘分度机构的向心多齿啮合应用了误差平均原理，因此能获得较高的分度精度和定心精度，其分度精度为 ±2″，最高可达 ±0.4″。由于采用多齿啮合，重复定位精度稳定，啮合率高，因而定位刚度好，承载能力强。最小分度为 360°/Z，分度数目多，适用于多工位分度。离合过程具有磨合作用，其定位精度不断提高，使用寿命长。

鼠齿盘是保证分度精度的关键零件，每个齿盘的端面带有数目相同的三角形齿，当两个齿盘啮合时，能够自动确定周向和径向的相对位置，但制造比较困难。

图 7 - 49 所示是某数控铣床的鼠齿盘式分度工作台。作分度运动时,其工作过程分为以下 3 个步骤。

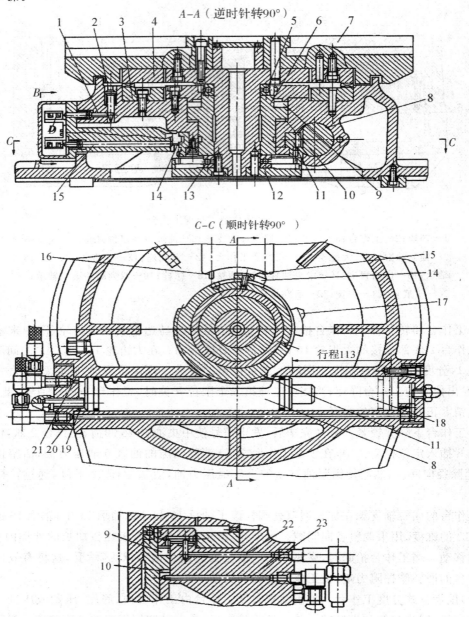

图 7 - 49　鼠齿盘式分度工作台

1,2,15,16—推杆;3—下齿盘;4—上齿盘;5,13—推力轴承;6—活塞;7—工作台;8—齿条活塞;9—升降液压缸上腔;10—升降液压缸下腔;11—齿轮;12—齿圈;14,17—挡块;18—分度液压缸右腔;19—分度液压缸左腔;20,21—分度液压缸进回油管道;22,23—升降液压缸进回油管道

1)分度工作台抬起。数控装置发出分度指令,工作台中央的升降液压缸下腔 10 通过油孔进压力油,活塞 6 向上移动,通过推力轴承 5,13 将分度工作台 7 抬起,3,4 两齿盘脱开。抬起

开关 D 发出抬起完成信号。与此同时,在工作台 7 向上移动过程中带动齿圈 12 向上套大齿轮 11,完成分度前的准备工作。

2)工作台回转分度。数控装置接收到工作台抬起完成信号后,立即发出指令让伺服电动机旋转,通过同步齿形带及齿轮带动工作台旋转分度,直到工作台完成指令规定的旋转角度后,电动机停止旋转。

此时,推杆 2 在弹簧力的作用下向上移动,使推杆 1 在弹簧作用下向右移动,离开微动开关 S_2,使 S_2 复位,控制电磁阀使压力油经管道 21 进入分度液缸左腔 19,推动齿条活塞 8 向右移动,带动与齿条相啮合的齿轮 11 作逆时针方向转动。由于齿轮 11 已经与齿圈 12 相啮合,分度台也将随着转过相应的角度。回转角度的近似值将由微动开关和挡块 17 控制,开始回转时,挡块 14 离开推杆 15 使微动开关 S_2 复位,通过电路互锁,始终保持工作台处于上升位置。

3)分度工作台下降,并定位夹紧。当工作台转到预定位置附近,挡块 17 通过活塞 16 使微动开关 S_3 工作。控制电磁阀开启使压力油经管道 22 进入到升降液压缸上腔 9,活塞 6 带动工作台 7 下降,上齿盘 4 与下齿盘 3 在新的位置重新啮合,并定位压紧。夹紧开关发出夹紧完成信号。升降液压缸下腔 10 的回油经过节流阀,以限制工作台下降的速度,保护齿面不受冲击。

当分度工作台下降时,通过推杆 2 及 1 的作用启动微动开关 S_2,分度液压缸由腔 18 通过管道 20 进压力油,齿条活塞 8 退回。齿轮 11 顺时针方向转动时带动挡块 17 及 14 回到原处,为下一次分度工作做好准备。此时齿圈 12 已同齿轮 11 脱开,工作台保持静止状态。

鼠齿盘式分度工作台作回零运动时,其工作过程基本与上相同,只是工作台回转挡铁压下工作台零位开关时,伺服电动机减速并停止。

2. 数控回转工作台

数控回转工作台用于完成工作台的连续回转进给和任意角度的分度,主要用于数控镗床和铣床。其外形和通用工作台几乎一样,但它的驱动是伺服系统的驱动方式,可以与其他伺服进给轴联动,既能作为回转坐标轴实现坐标联动加工,又能作为分度头完成工件的转位换面。

图 7-50 所示为自动换刀数控镗床的回转工作台。它的进给、分度转位和定位锁紧都是由给定的指令进行控制的。工作台的运动是由伺服电动机带动,经齿轮减速后由蜗杆 1 传给蜗轮 2,再由蜗轮带动工作台转动。

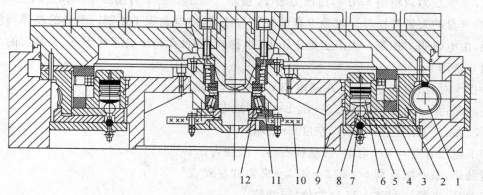

12 11 10 9 8 7   6 5 4 3 2 1

图 7-50 回转工作台

1—蜗杆;2—蜗轮;3,4—夹紧瓦;5—小液压缸;6—活塞;

7—弹簧;8—钢球;9—底座;10—圆光栅;11,12—轴承

为了消除蜗杆副的传动间隙,采用了双螺距渐厚蜗杆,通过移动蜗杆的轴向位置来调整间隙。这种蜗杆的左、右两侧面具有不同的螺距,因此蜗杆齿厚从头到尾逐渐增厚。但由于同一侧的螺距是相同的,所以仍然可以保持正常的啮合。

当工作台静止时,工作台必须处于锁紧状态。为此,在蜗轮底部的辐射方向装有八对夹紧瓦 4 和 3,并在底座 9 上均布同样数量的小液压缸 5。当小液压缸的上腔接通压力油时,活塞 6 便压向钢球 8,撑开夹紧瓦,并夹紧蜗轮 2。在工作台需要回转时,先使小液压缸的上腔接通回油路,在弹簧 7 的作用下,钢球 8 抬起,夹紧瓦将蜗轮松开。

回转工作台的导轨面由大型滚动轴承支承,并由圆锥滚柱轴承 12 及双列向心圆柱滚子轴承 11 保持准确的回转中心。数控回转工作台的定位精度主要取决于蜗杆副的传动精度,因而必须采用高精度蜗杆副。在半闭环控制系统中,可以在实际测量工作台静态定位误差之后,确定需要补偿角度的位置和补偿的值,记忆在补偿回路中,由数控装置进行误差补偿。在全闭环控制系统中,由高精度的圆光栅 10 发出工作台精确到位信号,反馈给数控装置进行控制。

回转工作台设有零点,当它作回零运动时,先用挡铁压下限位开关,使工作台降速,然后由圆光栅或编码器发出零位信号,使工作台准确地停在零位。数控回转工作台可以作任意角度的回转和分度,也可以作连续回转进给运动。

7.5.5 数控机床液压与气压系统

数控机床具有主轴自动变速、自动换刀、卡盘的松开与夹紧、其他辅助操作自动化等功能,而这些功能的实现大多是靠液压与气动系统驱动及控制的。

1. MJ—50 数控车床液压系统

MJ—50 数控车床卡盘的夹紧与松开、卡盘夹紧力的高低压转换、回转刀架的松开与夹紧、刀架刀盘的正转与反转、尾座套筒的伸出与退回都是由液压系统驱动的,液压系统中各电磁阀电磁铁的动作是由数控系统的 PLC 控制实现的。

图 7-51 是 MJ—50 数控车床液压系统原理图。机床的液压系统采用单向变量液压泵为动力源,系统压力调整至 4MPa,由压力表 14 显示。泵出口的压力油经单向阀进入控制油路。

(1)卡盘的夹紧与松开。主轴卡盘的夹紧与松开,由电磁阀 1 控制。卡盘的高压与低压夹紧转换,由电磁阀 2 控制。当卡盘处于正卡(也称外卡)且在高压夹紧状态下,夹紧力的大小由减压阀 6 来调节。

1)正卡时,活塞杆左移,1YA 通电,3YA 断电,油路为:

进油路:泵→减压阀 6→阀 2→阀 1→夹紧缸右腔

回油路:夹紧缸左腔→阀 1(左位)→油箱

2)卡盘松开时,2YA 通电,活塞杆右移。油路为:

进油路:泵→减压阀 6→阀 2→阀 1→夹紧缸左腔

回油路:夹紧缸左腔→阀 1(右位)→油箱

当卡盘处于外卡且在低压夹紧状态下,夹紧力的大小由减压阀 7 来调整。

3)卡盘夹紧时,1YA,3YA 通电,活塞杆左移。油路为:

进油路:泵→减压阀 7→阀 2→阀 1→夹紧缸右腔

回油路:夹紧缸左腔→阀 1(左位)→油箱

4)卡盘松开时,2YA,3YA 通电,活塞杆右移。由路为:

进油路:泵→减压阀 7→阀 2→阀 1→夹紧缸左腔

回油路:夹紧缸左腔→阀 1(右位)→油箱

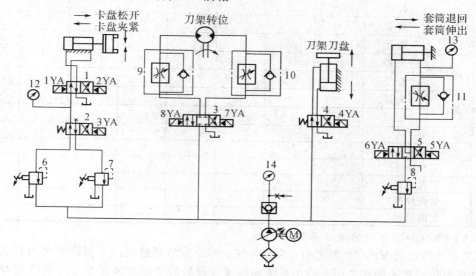

图 7-51　MJ—50 数控车床液压系统

1,2,3,4,5—电磁换向阀;6,7,8—减压阀;9,10,11—单向调速阀;12,13,14—压力表

(2)回转刀架动作。回转刀架换刀时,首先是刀盘松开,之后刀盘就转到指定的刀位,最后刀盘夹紧。刀盘的夹紧与松开,由电磁阀 4 控制。刀盘的旋转可正可反,由电磁阀 3 控制,其转速分别由单向调速阀 9 和 10 调节控制。

1)刀架正转时,4YA 先通电,刀盘松开;当 8YA 通电时,油路为:

进油路:泵→阀 3→单向调速阀 9→液压马达

2)刀架反转时,7YA 通电,油路为:

进油路:泵→阀 3→单向调速阀 10→液压马达

当 4YA 断电时,刀盘夹紧。

(3)尾座套筒伸缩动作。

1)尾座套筒伸出与退回由电磁阀 5 控制。当 6YA 通电,套筒伸出时,油路为:

进油路:泵→阀 8→阀 5(左位)→液压缸左腔

回油路:液压缸右腔→单向调速阀 11→阀 5(左位)→油箱

2)当 5YA 通电时,套筒退回,油路为:

进油路:泵→阀 8→阀 5(右位)→单向调速阀 11→液压缸右腔

回油路:液压缸左腔→阀 5(右位)→油箱

电磁铁动作顺序见表 7-2。

表 7 - 2 MJ—50 数控车床液压系统电磁铁动作顺序表

动作		电磁铁	1YA	2YA	3YA	4YA	5YA	6YA	7YA	8YA
卡盘正卡	高压	夹紧	+	−	−					
		松开	−	+	−					
	低压	夹紧	+	−	+					
		松开	−	+	+					
卡盘正卡	高压	夹紧	−	+	−					
		松开	+		−					
	低压	夹紧	−	+	+					
		松开	+		+					
回转刀架		刀架正转							−	+
		刀架反转							+	−
		刀盘松开				+				
		刀盘夹紧				−				
尾座		套筒伸出					−	+		
		套筒退回					+			

2. VP1050 加工中心的液压系统

图 7 - 52 所示为 VP1050 加工中心液压系统。整个液压系统采用变量叶片泵为系统提供压力油,并在泵后设置止回阀 2 用于减小系统断电或其他故障造成的液压泵压力突降而对系统的影响,避免机械部件的冲击损坏。压力开关 3 用以检测液压系统的状态,如压力达到预定值,则发出液压系统压力正常的信号,该信号作为 CNC 系统开启后 PLC 高级报警程序自检的首要检测对象,如压力开关 3 无信号,则 PLC 自检发出报警信号,整个数控系统的动作将全部停止。

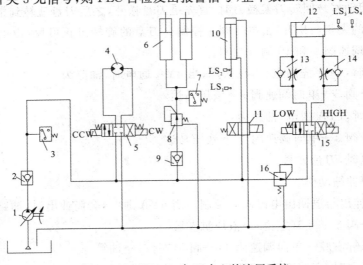

图 7 - 52 VP1050 加工中心的液压系统

1—液压泵;2,9—止回阀;3,6—压力开关;4—液压马达;5—配重液压缸;7,16—减压阀;
8,11,15—换向阀;10—松刀缸;12—变速液压缸;13,14—单向节流阀;LS₁,LS₂,LS₃,LS₄—行程开关

3. H400 加工中心的气动系统

H400 型卧式加工中心是一种中小功率、中等精度的加工中心,该加工中心的辅助动作采用以气压驱动装置为主来完成。

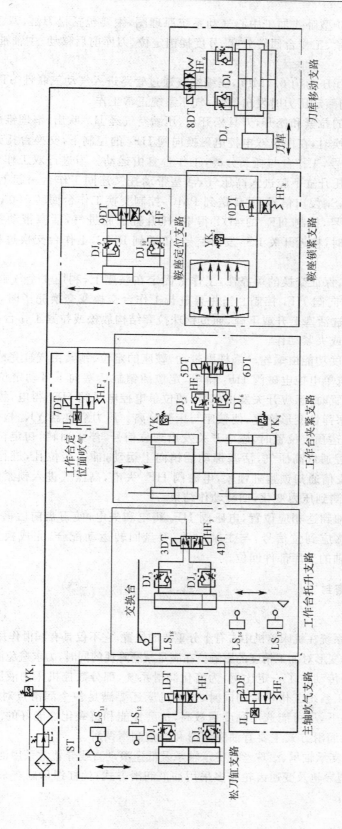

图 7－53　H400加工中心气动系统

图 7-53 为 H400 型卧式加工中心气动系统原理图,主要包括松刀缸、双工作台交换、工作台与鞍座之间的锁紧、工作台回转分度、分度插销定位、刀库前后移动、主轴锥孔吹气清理等几个动作的气动支路。

该系统的气体工作压力为 0.7MPa,压缩空气通过管路进入气动三联件 ST。YK₁ 为压力开关,在系统压力达到额定压力时发出信号,气压系统正常工作。

松刀缸完成刀具的拉紧和松开,刀具松开后,压缩空气经 JL₁ 吹出,清理锥面上的杂物。

机床无工作台交换时,在两位双电控电磁换向阀 HF₃ 的控制下,交换台托升缸处于下位,感应开关 LS₁₇ 发出信号,工作台与托叉分离,工作台自由运动。当进行双工作台交换时,HF₃ 的 3DT 得电,交换台托升缸下腔进入高压气,活塞带动托叉连同工作台一起上升。到达上终点位置时,接近开关 LS₁₆ 发出信号,并传送到 PMC,控制交换工作台回转 180°。回转到位时,接近开关 LS₁₈ 发出信号,控制 HF₃ 的 4DT 得电,托升缸上腔进气,活塞带动托叉、工作台下降。到达下终点位置时,接近开关 LS₁₇ 发出信号,传送到 PMC,工作台交换过程结束,允许机床进行后续动作。

为节约交换时间,保证交换的可靠性,工作台固定在鞍座上,利用 4 个气缸夹紧。该支路由两位双电控电磁换向阀 HF₄ 控制。当将要进行工作台交换或交换完毕时,系统控制 5DT 或 4DT 得电,控制气缸活塞上升或下降,通过钢珠拉套结构放松或拉紧工作台拉钉,完成鞍座与工作台之间的放松或夹紧动作。

工作台的回转分度功能由蜗轮—蜗杆副带动,鞍座的定位、锁紧由气缸完成。当数控系统发出回转指令后,两位单电控电磁阀 HF₇ 得电,定位插销缸活塞向下带动定位销从定位孔中拔出。到达下极限位置时,感应开关发出信号,两位单电控电磁阀 HF₈ 得电,锁紧薄壁缸中高压气体放出,锁紧活塞弹性变形恢复,使鞍座与床鞍分离。压力继电器 YK₂ 检测压力信号,系统驱动鞍座回转。到达预定位置时,感应开关发出到位信号,停止回转,初定位完成。电磁阀 HF₇ 断电,插销缸下腔通入高压气,活塞带动插销向上运动,插入定位孔,进行精定位。定位销到位后,感应开关发信通知锁紧缸锁紧,电磁阀 HF₈ 失电,高压气进入锁紧缸,锁紧活塞变形,压力开关 YK₂ 检测到压力变化,回转动作结束。

刀库换刀时,主轴到达相应位置,电磁阀 HF₆ 得电和失电,使刀盘前后移动,到达两极限位置,并由位置开关感应到位信号,与主轴运动、刀盘回转运动配合,完成换刀动作。其中,HF₆ 断电时,远离主轴的刀库部件回位。

7.5.6 润滑与密封

1. 润滑

数控机床的润滑系统在机床整机中占有十分重要的位置,它不仅具有润滑作用,而且还具有冷却作用,以减小机床热变形对加工精度的影响。在满足减磨降耗的同时,力求避免温升和振动。

数控加工中液压传动占了一定比例,为简化润滑系统,部分数控机床的液压与润滑系统共用。所以,在保证液压系统工作正常的同时,这类机床还要满足各个润滑点对润滑的要求,在考虑运行成本的前提下,尽可能选用黏度指数高,抗磨性能和抗氧化性能好的润滑油。

数控机床上常见润滑方式主要有油脂润滑和油液润滑两种。

数控机床的主轴支承轴承、滚珠丝杠支承轴承及低速滚动直线导轨常采用油脂润滑方式;高速滚动直线导轨、贴塑导轨及变速齿轮等多采用油液润滑方式;丝杠螺母副有采用油脂润滑的,也有采用油液润滑的。

　　油脂润滑不需要润滑设备,工作可靠,不需要经常添加和更换润滑脂,维护方便,但摩擦阻力大。支承轴承油脂的封入量一般为润滑空间容积的 10%,滚珠丝杠螺母副油脂封入量一般为其内部空间容积的 1/3。封入的油脂过多,会加剧运动部件的发热。采用油脂润滑时,必须在结构上采取有效的密封措施,以防止因冷却液或润滑油流入而使润滑脂失去功效。

　　油脂润滑方式一般使用锂基润滑脂。当需要添加或更换润滑脂时,其名称和牌号可查阅机床使用说明书。

　　数控加工中心的润滑点多而复杂,油液润滑时多采用集中自动润滑,以节省人力,并保证可靠的润滑效果。集中自动润滑即从一个润滑油供给源自动把一定压力的润滑油,通过各主、次油路上的分配器,按所需油量分配到各润滑点。同时,系统具备对润滑时间、次数的监控和故障报警以及停机等功能,以实现润滑系统的自动控制。

　　集中油液润滑中除了与普通机床相同的油液浸润,还有油雾润滑、油气润滑和喷射润滑。

　　油雾润滑是将润滑油(如透平油)经压力空气雾化后对部件进行润滑的。这种方式实现容易,设备简单,油雾既有润滑功能,又能起到冷却的作用,但油雾不易回收,对环境污染严重,故逐渐被新型的油气润滑方式所取代。

　　油气润滑是将少量的润滑油不经雾化而直接由压缩空气定时、定量地沿着专用的油气管道壁均匀地带到部件的润滑区。润滑油起润滑的作用,而压缩空气起推动润滑油运动及冷却部件的作用。油气始终处于分离状态,这有利于润滑油的回收,而对环境却没有污染。实施油气润滑时,一般要求每个部件都有单独的油气喷嘴,对喷射处的位置有严格的要求,否则不易保证润滑效果。油气润滑的效果还受压缩空气流量和油气压力的影响。一般地讲,增大空气流量可以提高冷却效果,而提高油气压力,不仅可以提高冷却效果,还有助于润滑油到达润滑区,因此,提高油气压力有助于提高运动部件的速度。实验表明,加大压力比采用常规压力进行油气润滑可使轴承的转速提高 20%。

　　喷射润滑是直接用高压润滑油进行润滑和冷却的。这里需特别指出的是,较大流量喷注的油,不是自然回流,而是用排油泵强制排油,同时,采用专用高精度大容量恒温油箱,油温变动控制在 $\pm 0.5^\circ C$。功率消耗较大,成本高,常用在 d_n 值为 2.5×10^6 以上的超高速主轴上。

　　2. 密封

　　在密封件中,被密封的介质往往是以穿漏、渗透或扩散的形式越界泄漏到密封连接处的彼侧。造成泄漏的基本原因是流体从密封面上的间隙中溢出,或是由于密封部件内、外两侧密封介质的压力差或浓度差,致使流体向压力或浓度低的一侧流动。图 7-54 所示为一卧式加工中心主轴前支承的密封结构。

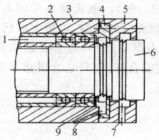

图 7-54　卧式加工中心主轴前支承的密封结构

1—进油口;2—轴承;3—箱体;4,5—法兰盘;6—主轴;

7—泄漏孔;8—回油斜孔;9—泄油孔

该卧式加工中心主轴前支承处采用的双层小间隙密封装置。主轴前端车出两组锯齿形护油槽,在法兰盘 4 和 5 上开沟槽及泄漏孔,当喷入轴承 2 内的油液流出后被法兰盘 4 内壁挡住,并经其下部的泄油孔 9 和箱体 3 上的回油斜孔 8 流回油箱,少量油液沿主轴 6 流出时,主轴护油槽在离心力的作用下被甩至法兰盘 4 的沟槽内,经回油斜孔 8 流回油箱,达到防止油液泄漏的目的。当外部切削液、切屑及灰尘等沿主轴 6 与法兰盘 5 之间的间隙进入时,经法兰盘 5 的沟槽由泄漏孔 7 排出,达到主轴端部密封的目的。

要使间隙密封结构能在一定的压力和温度范围内具有良好的密封防漏性能,必须保证法兰盘 4 和 5 与主轴及轴承端面的配合间隙。

7.5.7　排屑装置

排屑装置是数控机床的必备附属装置,其主要作用是将切屑从加工区域排出数控机床之外。迅速、有效地排除切屑才能保证数控机床正常加工。

排屑装置的安装位置一般都尽可能靠近刀具切削区域。如车床的排屑装置,装在回转工件下方;铣床和加工中心的排屑装置装在床身的回水槽上或工作台边侧位置,以利于简化机床或排屑装置结构,减小机床占地面积,提高排屑效率。排出的切屑一般都落入切屑收集箱或小车中,有的则直接排入车间排屑系统。

1.切屑排除

从加工区域清除切屑有以下几种方法。

(1)靠重力或刀具回转离心力将切屑甩出,切屑靠自重落到机床下面的切屑输送带上。床身结构应易于排屑(例如倾斜床身或将机床安置在倾斜的基座上),并利用切屑挡板或保护板使加工空间完全密闭,防止切屑飞散,使之容易聚集和便于清除,同时也使环境安全、整洁。

(2)用大流量冷却液冲洗加工部位,将切屑冲走,然后用过滤器把切屑从冷却液中分离出来。

(3)采用压缩空气吹屑。

(4)采用真空吸屑。此方法最适合于干式磨削工序和铸铁等脆性材料在加工时形成的粉末状切屑的排除。在每一加工工位附近,安装与主吸管相通的真空吸管。

2.切屑输送

(1)平板链式切屑输送机。平板链式切屑输送机如图 7 - 55 所示,该装置以滚动链轮牵引钢制平板链带在封闭箱中运转,加工中的切屑落到链带上,经过提升将废屑中的切削液分离出来,切屑排出机床,落入存屑箱。这种装置能排除各种形状的切屑,适应性强,各类机床都能采用。在车床上使用时多与机床切削液箱合为一体,以简化机床结构。

(2)螺旋式切屑输送机(见图 7 - 56)。该装置是采用电动机经减速装置驱动安装在沟槽中的一根长螺旋杆进行驱动的。螺旋杆转动时,沟槽中的切屑即由螺旋杆推动连续向前运动,最终排入切屑收集箱。这种装置占据空间小,适于安装在机床与立柱间空隙狭小的位置上。螺旋式排屑装置结构简单,排屑性能良好,但只适合沿水平或小角度倾斜直线方向排屑,不能用于大角度倾斜、提升或转向排屑。

图 7 - 55　平板链式切屑输送机

图 7 - 56　螺旋式切屑输送机

3.切屑分离

(1)将切屑连同冷却液一起排送到冷却站,通过孔板或漏网时,冷却液漏入沉淀池中,通过迷宫式隔板及过滤器进一步清除悬浮杂物后,被泵重新送入压力主管路。留在孔板上的切屑可用刮板式排屑、输屑装置将其排出并集中起来。

(2)切屑和冷却液一起直接送入沉淀池,然后用输屑装置将切屑运出池外。这种方法适用于冷却液冲洗切屑的自动排屑场合。

思考题与习题

7—1 简述数控机床的结构及各部分的组成。

7—2 简述数控车床的总体布局形式及特点。

7—3 简述卧式加工中心的布局形式。

7—4 简述立式加工中心的布局形式。

7—5 数控机床主传动调速方式有哪几种传动方式?各有何特点?

7—6 数控机床主轴的支承主要采用哪些形式?

7—7 简述加工中心主轴内部刀具夹紧机构工作原理。

7—8 简述磁性传感器主轴准停装置的工作原理。

7—9 对进给系统的性能要求有哪些?

7—10 滚珠丝杠螺母副有哪些特点?

7—11 简述滚珠丝杠副轴向间隙的调整和施加预紧力的方法。

7—12 滚珠丝杠副支承形式有哪些?

7—13 数控机床上常用的滑动导轨有哪几种?

7—14 自动换刀机构有哪些形式?

第8章 数控机床常见故障诊断与维护

【知识要点】

(1)数控机床保养维护的作用与意义；

(2)可靠性的概念；

(3)数控机床故障的分类；

(4)数控机床故障检查方法；

(5)数控机床常见故障。

8.1 数控机床的保养与维护

【考试知识点】

(1)数控机床保养维护的作用与意义；

(2)机床日常维护保养要点。

8.1.1 数控机床保养维护的作用与意义

数控机床是一种综合应用了计算机技术、自动控制技术、自动检测技术和精密机械设计和制造等先进技术的高新技术的产物,是技术密集度及自动化程度都很高的、典型的机电一体化产品。与普通机床相比较,数控机床不仅具有零件加工精度高、生产效率高、产品质量稳定、自动化程度极高的特点,而且它还可以完成普通机床难以完成或根本不能加工的复杂曲面的零件加工,因而数控机床在机械制造业中的地位显得越来越为重要。甚至可以这样说:在机械制造业中,数控机床的档次和拥有量,是反映一个企业制造能力的重要标志。但是,应当清醒地认识到:在企业生产中,数控机床能否达到加工精度高、产品质量稳定、提高生产效率的目标,不仅取决于机床本身的精度和性能,很大程度上也与操作者在生产中能否正确地对数控机床进行维护保养和使用密切相关。与此同时,还应当注意到:数控机床维修的概念,不能单纯地理解是数控系统或者是数控机床的机械部分和其他部分在发生故障时,仅仅是依靠维修人员如何排除故障和及时修复,使数控机床能够尽早地投入使用就可以了,还应包括正确使用和日常保养等工作。综上两方面所述,只有坚持做好对机床的日常维护保养工作,才可以延长元器件的使用寿命,延长机械部件的磨损周期,防止意外恶性事故的发生,争取机床长时间稳定工作,也才能充分发挥数控机床的加工优势,达到数控机床的技术性能,确保数控机床能够正常工作。因此,无论是对数控机床的操作者,还是对数控机床的维修人员来说,数控机床的维护与保养就显得非常重要,我们必须高度重视。

8.1.2　数控机床保养维护的基本要求

数控机床的保养与维护的基本要求主要包括以下述几方面。

1. 在思想上要高度重视

数控机床的维护与保养工作,是保障机床精度和较高开动比的重要影响因素。对数控机床的操作者更应如此,我们不能只管操作,而忽视对数控机床的日常维护与保养。

2. 提高操作人员的综合素质

数控机床的使用比普通机床的使用难度要大,因为数控机床是典型的机电一体化产品,它牵涉的知识面较宽,即操作者应具有机、电、液、气等更宽广的专业知识;再有,由于其电气控制系统中的 CNC 系统升级、更新换代比较快,如果不定期参加专业理论培训学习,就不能熟练掌握新的 CNC 系统应用。因此对操作人员提出的素质要求是很高的。为此,必须对数控操作人员进行培训,使其掌握机床原理、性能、润滑部位及其方式,进行较系统的学习,为更好地使用机床奠定基础。同时在数控机床的使用与管理方面,制定一系列切合实际、行之有效的措施。

3. 要为数控机床创造一个良好的使用环境

由于数控机床中含有大量的电子元件,它们最怕阳光直接照射,也怕潮湿和粉尘、振动等,这些均可使电子元件受到腐蚀变坏或造成元件间的短路,引起机床运行不正常。为此,对数控机床的使用环境应做到保持清洁、干燥、恒温和无振动,对于电源应保持稳压,一般只允许 $\pm10\%$ 波动。

4. 严格遵循正确的操作规程

无论是什么类型的数控机床,它都有一套自己的操作规程,这既是保证操作人员人身安全的重要措施之一,也是保证设备安全、产品质量等的重要措施。因此,使用者必须按照操作规程正确操作,如果机床在第一次使用或长期没用时,应先使其空转几分钟,并要特别注意使用中开机、关机的顺序和注意事项。

5. 在使用中,尽可能提高数控机床的开动率

在使用中,要尽可能提高数控机床的开动率。对于新购置的数控机床应尽快投入使用,设备在使用初期故障率相对来说往往大一些,用户应在保修期内充分利用机床,使其薄弱环节尽早暴露出来,在保修期内得以解决。如果在缺少生产任务时,也不能空闲不用,要定期通电,每次空运行 1 小时左右,利用机床运行时的发热量来去除或降低机内的湿度。

6. 要冷静对待机床故障,不可盲目处理

机床在使用中不可避免地会出现一些故障,此时操作者要冷静对待,不可盲目处理,以免产生更为严重的后果,要注意保留现场,待维修人员来后如实说明故障前后的情况,并共同参与分析问题,尽早排除故障。故障若属于操作原因,操作人员要及时吸取教训,避免下次犯同样的错误。

7. 制定并且严格执行数控机床管理的规章制度

除了对数控机床的日常维护外,还必须制定并且严格执行数控机床管理的规章制度。主要包括:定人、定岗和定责任的"三定"制度,定期检查制度,规范的交接班制度等。这也是数控机床管理、维护与保养的主要内容。

8.1.3 机床日常维护保养要点

1.数控系统的维护

(1)严格遵守操作规程和日常维护制度。

(2)应尽量少开数控柜和强电柜的门。在机加工车间的空气中一般都会有油雾、灰尘甚至金属粉末,一旦它们落在数控系统内的电路板或电子器件上,容易引起元器件间绝缘电阻下降,甚至导致元器件及电路板损坏。有的用户在夏天为了使数控系统能超负荷长期工作,采取打开数控柜的门来散热,这是一种极不可取的方法,其最终将导致数控系统的加速损坏。

(3)定时清扫数控柜的散热通风系统。应该检查数控柜上的各个冷却风扇工作是否正常。每半年或每季度检查一次风道过滤器是否有堵塞现象,若过滤网上灰尘积聚过多,不及时清理,会引起数控柜内温度过高。

(4)数控系统的输入/输出装置的定期维护。20 世纪 80 年代以前生产的数控机床,大多带有光电式纸带阅读机,如果读带部分被污染,将导致读入信息出错。为此,必须按规定对光电阅读机进行维护。

(5)直流电动机电刷的定期检查和更换。直流电动机电刷的过度磨损,会影响电动机的性能,甚至造成电动机损坏。为此,应对电动机电刷进行定期检查和更换。数控车床、数控铣床、加工中心等,应每年检查一次。

(6)定期更换存储用电池。一般数控系统内对 CMOS RAM 存储器件设有可充电电池维护电路,以保证系统不通电期间能保持其存储器的内容。在一般情况下,即使尚未失效,也应每年更换一次,以确保系统正常工作。电池的更换应在数控系统供电状态下进行,以防更换时 RAM 内信息丢失。

(7)备用电路板的维护。备用的印制电路板长期不用时,应定期装到数控系统中通电运行一段时间,以防损坏。

2.机械部件的维护

(1)主传动链的维护。定期调整主轴驱动带的松紧程度,防止因带打滑造成的丢转现象;检查主轴润滑的恒温油箱、调节温度范围,及时补充油量,并清洗过滤器;主轴中刀具夹紧装置长时间使用后,会产生间隙,影响刀具的夹紧,需及时调整液压缸活塞的位移量。

(2)滚珠丝杠螺母副的维护。定期检查、调整丝杠螺母副的轴向间隙,保证反向传动精度和轴向刚度;定期检查丝杠与床身的连接是否有松动;丝杠防护装置有损坏要及时更换,以防灰尘或切屑进入。

(3)刀库及换刀机械手的维护。严禁把超重、超长的刀具装入刀库,以避免机械手换刀时掉刀或刀具与工件、夹具发生碰撞;经常检查刀库的回零位置是否正确,检查机床主轴回换刀点位置是否到位,并及时调整;开机时,应使刀库和机械手空运行,检查各部分工作是否正常,特别是各行程开关和电磁阀能否正常动作;检查刀具在机械手上锁紧是否可靠,发现不正常应及时处理。

3.液压、气压系统维护

定期对各润滑、液压、气压系统的过滤器或分滤网进行清洗或更换;定期对液压系统进行油质化验检查和更换液压油;定期对气压系统空气滤清器放水。

4.机床精度的维护

定期进行机床水平和机械精度检查并校正。机械精度的校正方法有软、硬两种。其软方法主要是通过系统参数补偿,如丝杠反向间隙补偿、各坐标定位精度定点补偿、机床回参考点位置校正等;硬方法一般要在机床大修时进行,如进行导轨修刮、滚珠丝杠螺母副预紧调整反向间隙等。

8.2　数控机床的故障诊断

【考试知识点】

(1)可靠性概念及指标;

(2)数控机床故障分类。

数控机床是个复杂的系统,一台数控机床既有机械装置、液压系统,又有电气控制部分和软件程序等。组成数控机床的这些部分,由于种种原因,不可避免地会发生不同程度、不同类型的故障,导致数控机床不能正常工作。这些原因大致包括:

(1)机械锈蚀、磨损和损坏;

(2)元器件老化、损坏和失效;

(3)电气元件、插接件接触不良;

(4)环境变化,如电流或电压波动、温度变化、液压压力和流量的波动以及油污等;

(5)随机干扰和噪声;

(6)软件程序丢失或被破坏。

此外,错误的操作也会引起数控机床不能正常工作。数控机床一旦发生故障,必须及时予以维修,将故障排除。数控机床维修的关键是故障的诊断,即故障源的查找和故障定位。一般来说,故障类型不同,采用的故障诊断的方法也就不同。

8.2.1　数控机床的可靠性概念

数控机床的可靠性是指在规定的条件下(如环境温度、使用条件及使用方法等)数控机床维护无故障工作的能力。衡量可靠性指标常用的有下述 3 种。

1. 平均无故障时间 MTBF

平均无故障时间是指一台数控机床在使用中两次故障间隔的平均时间,即数控机床在寿命范围内总工作时间和总故障次数之比,表示为

$$MTBF = \frac{总工作时间}{总故障次数}$$

单位为"h"。数控机床常用它作为可靠性的定量指标。

2.平均修复时间 MTTR

它是指数控机床从出现故障开始直至能正常使用中间的这段时间。显然,要求这段时间越短越好。

3.有效度 A

这是对数控机床的正常工作概率进行综合评价的尺度,是指一台机床能正常工作或在发生故障后在规定的时间内能修复,而不影响正常生产的概率,表示为

$$A = \frac{\text{MTBF}}{\text{MTBF} + \text{MTTR}}$$

由此可见,有效度 A 是一个小于 1 的数,但越接近 1 越好。

8.2.2 数控机床故障分类

数控机床全部或部分丧失了规定的功能的现象称为数控机床的故障。数控机床是机电一体化的产物,技术先进、结构复杂。数控机床的故障也是多种多样、各不相同,故障原因一般都比较复杂,这给数控机床的故障诊断和维修带来不少困难。为了便于机床的故障分析和诊断,本节按故障的性质、故障产生的原因和故障发生的部位等因素大致把数控机床的故障划分为以下几类。

1. 按故障性质分类

(1)系统性故障。这类故障是指只要满足一定的条件,机床或者数控系统就必然出现的故障。例如电网电压过高或者过低,系统就会产生电压过高报警或者过低报警;切削量过大时,就会产生过载报警等。

例如一台采用 SINUMERIK 810 系统的数控机床在加工过程中,系统有时自动断电关机,重新启动后,还可以正常工作。根据系统工作原理和故障现象怀疑故障原因是系统供电电压波动,测量系统电源模块上的 24V 输入电源,发现为 22.3V 左右,当机床加工时,这个电压还向下波动,特别是切削量大时,电压下降就大,有时接近 21V,这时系统自动断电关机,为了解决这个问题,更换容量大的 24V 电源变压器将这个故障彻底消除。

(2)随机故障。这类故障是指在同样条件下,只偶尔出现一次的故障。要想人为地再现同样的故障则是不容易的,有时很长时间也很难再遇到一次。这类故障的分析和诊断是比较困难的。一般情况下,这类故障往往与机械结构的松动、错位,数控系统中部分元件工作特性的漂移、机床电气元件可靠性下降有关。

例如一台数控沟槽磨床,在加工过程中偶尔出现问题,磨沟槽的位置发生变化,造成废品。分析这台机床的工作原理,在磨削加工时首先测量臂向下摆动到工件的卡紧位置,然后工件开始移动,当工件的基准端面接触到测量头时,数控装置记录下此时的位置数据,然后测量臂抬起,加工程序继续运行。数控装置根据端面的位置数据,在距端面一定距离的位置磨削沟槽,所以沟槽位置不准与测量的准确与否有非常大的关系。因为不经常发生,所以很难观察到故障现象。因此根据机床工作原理,对测量头进行检查并没有发现问题;对测量臂的转动检查时发现旋转轴有些紧,可能测量臂有时没有精确到位,使测量产生误差。将旋转轴拆开检查发现已严重磨损,制作新备件,更换上后再也没有发生这个故障。

2. 按故障类型分类

按照机床故障的类型区分,故障可分为机械故障和电气故障。

(1)机械故障。这类故障主要发生在机床主机部分,还可以分为机械部件故障、液压系统故障、气动系统故障和润滑系统故障等。

例如一台采用 SINUMERIK 810 系统的数控淬火机床开机回参考点、走 X 轴时,出现报警 1680"SERVOENABLETRAV. AXISX",手动走 X 轴也出现这个报警,检查伺服装置,发现有过载报警指示。根据西门子说明书产生这个故障的原因可能是机械负载过大、伺服控制电源出现问题、伺服电动机出现故障等。本着先机械后电气的原则,首先检测 X 轴滑台,手动盘动 X 轴滑台,发现非常沉,盘不动,说明机械部分出现了问题。将 X 轴滚珠丝杠拆下检查,发现滚珠丝杠已锈蚀,原来是滑台密封不好,淬火液进入滚珠丝杠,造成滚珠丝杠的锈蚀,更换新的滚珠丝杠,故障消除。

(2)电气故障。电气故障是指电气控制系统出现的故障,主要包括数控装置、PLC 控制器、伺服单元、CRT 显示器、电源模块、机床控制元件以及检测开关的故障等。这部分的故障是数控机床的常见故障,应该引起足够的重视。

3.按故障发生后有无报警显示分类

按故障产生后有无报警显示,可分为有报警显示故障和无报警显示故障两类。

(1)有报警显示故障。这类故障又可以分为硬件报警显示和软件报警显示两种。

1)硬件报警显示的故障。硬件报警显示通常是指各单元装置上的指示灯的报警指示。在数控系统中有许多用以指示故障部位的指示灯,如控制系统操作面板、CPU 主板、伺服控制单元等部位,一旦数控系统的这些指示灯指示故障状态后,根据相应部位上的指示灯的报警含义,均可以大致判断故障发生的部位和性质,这无疑会给故障分析与诊断带来极大好处。因此维修人员在日常维护和故障维修时应注意检查这些指示灯的状态是否正常。

2)软件报警显示的故障。软件报警显示通常是指数控系统显示器上显示出的报警号和报警信息。由于数控系统具有自诊断功能,一旦检查出故障,即按故障的级别进行处理,同时在显示器上显示报警号和报警信息。

软件报警又可分为 NC 报警和 PLC 报警,前者为数控部分的故障报警,可通过报警号,在《数控系统维修手册》上找到这个报警的原因与怎样处理方面的内容,从而确定可能产生故障的原因;后者的 PLC 报警的报警信息来自机床制造厂家编制的报警文本,大多属于机床侧的故障报警,遇到这类故障,可根据报警信息,或者 PLC 用户程序确诊故障。

(2)无报警显示的故障。这类故障发生时没有任何硬件及软件报警显示,因此分析诊断起来比较困难。对于没有报警的故障,通常要具体问题具体分析。遇到这类问题,要根据故障现象、机床工作原理、数控系统工作原理、PLC 梯形图以及维修经验来分析诊断故障。

例如一台数控淬火机床经常自动断电关机,停一会再开还可以工作。分析机床的工作原理,产生这个故障的原因一般都是系统保护功能起作用,所以首先检查系统的供电电压为24V,没有问题;在检查系统的冷却装置时,发现冷却风扇过滤网堵塞,出故障时恰好是夏季,系统因为温度过高而自动停机,更换过滤网,机床恢复正常使用。

又如一台采用德国 SINUMERIK 810 系统的数控沟槽磨床,在自动磨削完工件、修整砂轮时,带动砂轮的 Z 轴向上运动,停下后砂轮修整器并没有修整砂轮,而是停止了自动循环,但屏幕上没有报警指示。根据机床的工作原理,在修整砂轮时,应该喷射冷却液,冷却砂轮修整器,但多次观察发生故障的过程,却发现没有切削液喷射。切削液电磁阀控制原理图如图8-1所示,在出现故障时利用数控系统的 PLC 状态显示功能,观察控制切削液喷射电磁阀的输出 Q4.5,其状态为"1",没有问题。根据电气原理图它是通过直流继电器 K45 来控制电磁阀的,检查直流继电器 K45 也没有问题。接着检查电磁阀,发现电磁阀的线圈上有电压,说明问题是出在电磁阀上,更换电磁阀,机床故障消除。

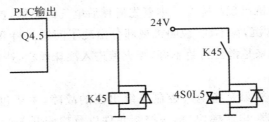

图 8-1 切削液电磁阀电气控制原理图

4.按故障发生部位分类

按机床故障发生的部位可把故障分为下述几类。

(1)数控装置部分的故障。数控装置部分的故障又可以分为软件故障和硬件故障。

1)软件故障。有些机床故障是由于加工程序编制出现错误造成的,有些故障是由于机床数据设置不当引起的,这类故障属于软件故障。只要将故障原因找到并修改后,这类故障就会排除。

2)硬件故障。有些机床故障是因为控制系统硬件出现问题,这类故障必须更换损坏的器件或者维修后才能排除。

例如一台数控冲床出现故障,屏幕没有显示,检查机床控制系统的电源模块的 24V 输入电源,没有问题,NC-ON 信号也正常,但在电源模块上没有 5V 电压,说明电源模块损坏,维修后,机床恢复正常使用。

(2)PLC 部分的故障。PLC 部分的故障也分为软件故障和硬件故障两种。

1)软件故障。由于 PLC 用户程序编制有问题,在数控机床运行时满足一定的条件即可发生故障。另外,PLC 用户程序编制得不好,经常会出现一些无报警的机床侧故障,所以 PLC 用户程序要编制得尽量完善。

2)硬件故障。由于 PLC 输入/输出模块出现问题而引起的故障属于硬件故障。有时个别输入/输出口出现故障,可以通过修改 PLC 程序,使用备用接口替代出现故障的接口,从而排除故障。

例如一台采用德国 SIEMENS 810 系统的数控磨床,自动加工不能连续进行,磨削完一个工件后,主轴砂轮不退回修整,自动循环中止。分析机床的工作原理,机床的工作状态是通过机床操作面板上的按钮开关设定的,按钮开关接入 PLC 的输入 E7.0,利用数控系统的 PLC 状态显示功能,检查其状态,但不管怎样拨动按钮开关,其状态一直为"0",不发生变化,而检查开关没有发现问题,将该开关的连接线连接到 PLC 的备用输入接口 E3.0 上,这时观察这个状态的变化,正常跟随钮子开关的变化,没有问题,由此证明 PLC 的输入接口 E7.0 损坏,因为手头没有备件,将按钮开关接到 PLC 的 E3.0 的输入接口上,然后通过编程器将 PLC 程序中的所有 E7.0 都改成 E3.0,这时机床恢复了正常使用。

(3)伺服系统故障。伺服系统的故障一般都是由于伺服控制单元、伺服电动机、测速装置、编码器等出现问题引起的。

例如:一台数控车床使用 FANUC 0iTC 系统,系统出现 417 报警,报警信息为"SERVO ALARM:2-TH AXIS PARAMETER INCORRECT",检查伺服系统参数设置发现,参数

NO：2023 被人修改成为负值。（该参数为电机一转的速度反馈脉冲数）。修改此参数，系统报警解除。

（4）机床主体部分的故障。这类故障大多数是由于外部原因造成的，例如：机械装置不到位、液压系统出现问题、检查开关损坏、驱动装置出现问题等。机床主轴、导轨、丝杠、轴承、刀库等由于种种原因，会出现丧失精度、爬行、过载等问题。这些问题往往会造成数控系统的报警。因此，数控系统的故障判断是一个综合问题。

5. 按故障发生的破坏程度分类

按故障发生时的破坏程度分为破坏性故障和非破坏性故障。

（1）破坏性故障。出现这类故障会对操作者或设备造成伤害或损害，如超程运行、飞车、部件碰撞等。

例如，一台数控车床在正常加工的情况下，刀具撞到工件，造成重大的损失，经过仔细的分析，发现返回参考点错误，行程开关位置与电子栅格位置重合，造成 Z 方向进给多出一个电子栅格，从而造成刀具工件相撞的破坏性故障。移动行程开关位置，问题得到圆满解决。

（2）非破坏性故障。数控机床的绝大多数故障属于这类故障，出现故障时对机床和操作人员不会造成任何伤害，所以诊断这类故障时，可以再现故障，并可以仔细观察故障现象，通过故障现象对故障进行分析和诊断。

8.2.3　数控机床故障诊断技术

数控机床是涉及多个应用学科的十分复杂的系统，加之数控系统和机床本身的种类繁多，功能各异，不可能找出一种适合各种数控机床、各类故障的通用诊断方法。这里仅对一些常用的一般性方法作以介绍，这些方法互相联系，在实际的故障诊断中，对这些方法要综合运用。

1. 根据报警号进行故障诊断

计算机数控系统大都具有很强的自诊断功能。当机床发生故障时，可对整个机床包括数控系统自身进行全面的检查和诊断，并将诊断到的故障或错误以报警号或错误代码的形式显示在 CRT 上。

报警号（错误代码）一般包括以下几方面的故障（或错误）信息。

（1）程序编制错误或操作错误；

（2）存储器工作不正常；

（3）伺服系统故障；

（4）可编程控制器故障；

（5）连接故障；

（6）温度、压力、液位等不正常；

（7）行程开关（或接近开关）状态不正确。

利用报警号进行故障诊断是数控机床故障诊断的主要方法之一。如果机床发生了故障，且有报警号显示于 CRT 上，首先就要根据报警号的内容进行相应的分析与诊断。当然，报警号多数情况下并不能直接指出故障源之所在，而是指出了一种现象，维修人员就可以根据所指出的现象进行分析，缩小检查的范围，有目的地进行某个方面的检查。

2. 根据控制系统 LED 灯或数码管的指示进行故障诊断

控制系统的 LED（发光二极管）或数码管指示是另一种自诊断指示方法。如果和故障报警号同时报警,综合二者的报警内容,可更加明确地指示出故障的位置。在 CRT 上的报警号未出现或 CRT 不亮时,LED 或数码管指示就是唯一的报警内容了。

例如,FANUCOI 系统的主电路板上有一个七段 LED 数码管,在电源接通后,系统首先进行自检,这时数码管的显示不断改变,最后显示"1"而停止,说明系统正常。如果停止于其他数字或符号上,则说明系统有故障,且每一个符号表示相应的故障内容,维修人员就可根据显示的内容进行相应的检查和处理。

3. 根据 PLC 状态或梯形图进行故障诊断

现在的数控机床上几乎毫无例外地使用了 PLC 控制器,只不过有的与 NC 系统合并起来,统称为 NC 部分。但在大多数数控机床上,二者还是相互独立的,二者通过接口相联系。无论其形式如何,PLC 控制器的作用却是相同的,主要进行开关量的管理与控制。控制对象一般是换刀系统,工作台板转换系统,液压、润滑、冷却系统等。这些系统具有大量的开关量测量反馈元件,发生故障的概率较大。特别是在偶发故障期,NC 部分及各电路板的故障较少,上述各部分发生的故障可能会成为主要的诊断维修目标。因此,对这部分内容要熟悉。首先要熟悉各测量反馈元件的位置、作用及发生故障时的现象与后果。对 PLC 控制器本身也要有所了解,特别是梯形图或逻辑图要尽量弄明白。这样,一旦发生故障,可帮助你从更深的层次认识故障的实质。

PLC 控制器输入/输出状态的确定方法是每一个维修人员所必须掌握的。因为当进行故障诊断时经常须要确定一个传感元件是什么状态以及 PLC 的某个输出为什么状态。用传统的方法进行测量非常麻烦,甚至难以做到。一般数控机床都能够从 CRT 上或 LED 指示灯上非常方便地确定其输入/输出状态。

4. 根据机床参数进行故障诊断

机床参数也称为机床常数,是通用的数控系统与具体的机床相匹配时所确定的一组数据,它实际上是 NC 程序中未定的或可选择的数据。机床参数通常存于 RAM 中,由厂家根据所配机床的具体情况进行设定,部分参数还要通过调试来确定。机床参数大都随机床以参数表或参数纸带的形式提供给用户。

由于某种原因,如误操作、参数纸带不良等,存于 RAM 中的机床参数可能发生改变甚至丢失而引起机床故障。在维修过程中,有时也要利用某些机床参数对机床进行调整,还有的参数须要根据机床的运行情况及状态进行必要的修正。因此,维修人员对机床参数应尽可能地熟悉,理解其含义,只有在理解的基础上才能很好地利用它,才能正确地进行修正而不致产生错误。

5. 用诊断程序进行故障诊断

绝大部分数控系统都有诊断程序。所谓诊断程序就是对数控机床各部分包括数控系统本身进行状态或故障检测的软件,当数控机床发生故障时,可利用该程序诊断出故障源所在范围或具体位置。

诊断程序一般分为 3 套,即启动诊断、在线诊断(或称后台诊断)和离线诊断。启动诊断指从每次通电开始至进入正常的运行准备状态止,CNC 内部诊断程序自动执行的诊断,一般情况下数秒之内即告完成,其目的是确认系统的主要硬件可否正常工作。主要检查的硬件包括:CPU、存储器、I/O 单元等印刷板或模块;CRT/MDI 单元、阅读机、软驱单元等装置或外设。若被检测内容正常,则 CRT 显示表明系统已进入正常运行的基本画面(一般是位置显示画面)。否则,将显示报警信息。在线诊断是指在系统通过启动诊断进入运行状态后由内部诊断程序对 CNC 及与之相连接的外设、各伺服单元和伺服电机等进行的自动检测和诊断。只要系统不断电,在线诊断也就不会停止,在线诊断的诊断范围大,显示信息的内容也很多,一台带有刀库和台板转换的加工中心报警内容有五六百条。离线诊断是利用专用的检测诊断程序进行的旨在最终查明故障原因,精确确定故障部位的高层次诊断。离线诊断的程序存储及使用方法一般不相同。

离线诊断是数控机床故障诊断的一个非常重要的手段,它能够较准确地诊断出故障源的具体位置,而许多故障靠传统的方法是不易进行诊断的。需要注意的是,有些厂商不向用户提供离线诊断程序,有些则作为选择订货内容。在机床的考察、订货时要注意到这一点。

随着科学技术的发展及 CNC 技术的成熟与完善,更高层次的诊断技术已经出现。其中最引人注目的是"自修复""专家诊断系统"和通信诊断系统,这些新技术的发展与应用,无疑会给数控维修特别是故障诊断提供更有效的方法与手段。

8.2.4　数控机床故障紧急处理、分析与判断

1.故障的紧急处理

一般说来,当数控机床发生故障时,操作者除应及时采用急停措施,停止系统的运行并保护好现场,及时通知维修人员进行维修外,还应对故障作尽可能详细的记录,如故障现象、类别、产生的频度、发生时的外界状况,有关操作情况、CRT 所显示的报警信息、CNC 系统、电气柜及机床状况等。

2.分析判断

(1)充分调查故障现场。出现故障后首先要了解现场情况和现象,仔细观察工作寄存器和缓冲寄存器中尚存的内容,了解一定执行过的程序内容。并且,要观察各个印制线路板上有无报警红灯,然后再按 CNC 复位键,如报警消失则数软件故障,否则属硬件故障。对于非破坏性故障,有条件时可以重演故障,仔细观察故障现象。

(2)罗列可能造成故障的诸多因素。数控机床上出现同一种故障的原因有可能是多种多样的,有机械的、机床电器的和控制的系统因素,因此在分析时要把有关的因素都罗列出来。

(3)逐步找出故障产生的原因。根据故障现象罗列出许多因素后,找出确切因素才能排除故障。因此,必须优化选择和统合判断。综合判断需要有该机床的完整技术档案,包括维修记录和必要的测试手段和工具仪器,确定有可能的因素,然后通过必要试验逐一寻找确定。

8.3　数控机床的故障检查方法

【考试知识点】

(1)功能程序测试法;

(2)参数检查法;

(3)交换法;

(4)隔离法。

由于数控系统所产生的故障千变万化,其原因往往比较复杂,而且目前国内所使用的数控系统,极大多数故障自诊断能力还比较弱,智能化程度较低,不能对系统的所有部件进行测试,

也不能将故障原因定位到具体元器件上,往往是一个报警号指示出众多故障的起因,使人难以下手。因此,要迅速诊断故障原因,及时排除故障,很有必要总结出一些行之有效的故障检查方法。

多年来,广大的维修人员在大量的数控机床维修实践中摸索出不少可快速找出故障原因的检查方法。

1. 功能程序测试法

功能程序测试法是将所修数控系统的 G,M,S,T,F 功能的全部使用指令编成一个试验程序,在故障诊断时运行这个程序,可快速判定哪个功能不良或丧失。

2. 参数检查法

数控系统的参数是经过一系列试验、调整而获得的重要数据。参数通常是存放在由电池供电保持的 RAM 中,一旦电池电压不足或系统长期不通电或外部干扰会使参数丢失或混乱,从而使系统不能正常工作。当机床长期闲置或无缘无故出现不正常或有故障而无报警时,就应根据故障特征,检查和校对有关参数。

3. 交换法

在数控系统中常有型号完全相同的线路板、模板、集成电路芯片或其他零部件。可将形同部分互相交换,观察故障转移情况以快速确定故障范围缩。

当数控系统某个轴运行不正常,如爬行、抖动、时动时不动、一个方向动另一个方向不动等时,常采用换轴法来确定故障部位。

4. 备板置换法

利用备用电路板、模块、集成电路芯片及其他元器件替换有疑点的部件,是一种快速而简便找出故障的方法。有时若无备板,可借用同型号系统上的电路板来试验。

备板置换前,应检查有关部分电路,以免造成好板损坏。还应检查试验板上的选择开关和跨接线是否与原板一致,还应注意板上电位器的调整。在置换计算机的存储板后,往往需要对系统作存储器初始化操作,输入机器参数等,否则系统仍不能正常工作。

5. 隔离法

有些故障,如抖动、爬行,一时难以区分是数控部分,还是伺服系统或机械部分造成的,常采用隔离法。将机电分离,数控与伺服分离,或将位置闭环分离作开环处理。这样,复杂的问题就化为简单,能较快地找到故障原因。

6. 直观法

通过对故障发生时的各种光、声、味等异常现象的观察,将故障范围缩小到一个模块或一块印刷线路板。

如数控机床加工过程中,突然出现停机。打开数控柜检查发现 Y 轴电机主电路保险管烧坏,经仔细观察,检查与 Y 轴有关的部件,最后发现 Y 轴电机动力线外皮被硬物划伤,损伤处碰到机床外壳上,造成短路烧断保险,更换 Y 轴电机动力线后,故障消除,机床恢复正常。

7. 升降温法

人为地元器件温度升高(应注意器件的温度参数)或降低,加速一些温度特性较差的元器件产生"病症"或使"病症"消除来寻找故障原因。

8. 敲击法

数控系统是由各种电路板和连接插座所组成的,每块电路板上含有很多焊点,任何虚焊或接触不良都可出现故障。若用绝缘物轻轻敲打有接触不良疑点的电路板、插件或元器件,机器出现故障,则故障很可能就在敲击的部位。

9. 对比法

本方法是以正确的电压、电平或波形与异常相比较来寻找故障部位。有时还可以将正常部分试验性地造成"故障"或报警(如断开连线、拔去组件),看其是否和相同部分产生的故障现象相似,以判断故障原因。

10. 原理分析法

根据 CNC 组成原理,从逻辑上分析各点的逻辑电平和特征参数,从系统各部件的工作原理着手进行分析和判断,确定故障部位。这种方法的运用,要求维修人员对整个系统或每个部件的工作原理都有清楚的、较深的了解,才可能对故障部位进行定位。

8.4　数控机床常见故障的处理

【考试知识点】

(1)常见机械故障及处理方法;

(2)常见电气故障及处理方法;

(3)常见进给伺服系统故障;

(4)常见主轴系统故障;

(5)常见数控系统故障;

(6)数控机床抗干扰性措施。

数控机床是一种技术复杂的机电一体化设备,其故障发生的原因一般都比较复杂,这给故障的诊断和排除带来不少困难。为了便于故障分析和处理,本节按故障的部件、故障性质及故障原因等对常见故障作如下分类,并介绍其相应处理方法。

8.4.1　机械部件常见故障及处理

数控机床的主机部分,主要包括机械、润滑、冷却、排屑、液压、气动与防护等装置。常见的主机故障:因机械安装、调试及操作使用不当等原因引起的机械传动故障与导轨运动摩擦过大故障。故障表现为传动噪声大,加工精度差,运行阻力大。例如:轴向传动链的挠性联轴器松动,齿轮、丝杠与轴承缺油,导轨挡铁调整不当,导轨润滑不良以及系统参数设置不当等原因均可造成以上故障。尤其应引起重视的是,机床各部位标明的注油点(注油孔)须定时、定量加注润滑油(剂),这是机床各传动链正常运行的保证。另外,液压、润滑与气动系统的故障主要是管路堵塞和密封不良,因此,数控机床更应加强污染控制和根除三漏现象发生。

8.4.2　电气部件常见故障及处理

电气故障分弱电故障与强电故障。弱电部分主要指 CNC 装置、PLC 控制器、CRT 显示器以及伺服单元、输入/输出装置等电子电路,这部分又有硬件故障与软件故障之分。硬件故障主要是指上述各装置的印制电路板上的集成电路芯片、分立元件、接插件以及外部连接组件等发生的故障。常见的软件故障有加工程序出错、系统程序和参数的改变或丢失、计算机的运算出错等。强电部分是指继电器、接触器、开关、熔断器、电源变压器、电动机、电磁铁、行程开关等电气元器件及其所组成的电路。这部分的故障十分常见,必须引起足够的重视。

8.4.3 进给伺服系统常见故障及处理

当进给伺服系统出现故障时,通常有 3 种表现方式:一是在 CRT 或操作面板上显示报警内容或报警信息;二是在进给系统驱动单元上用报警灯或数码管显示驱动单元的故障;三是进给运动不正常,但无任何报警信息。进给伺服系统常见的故障有以下几种形式。

1. 超程

当进给运动超过软件设定的软限位或由限位开关决定的硬限位时,就会发生超程报警,一般会在 CRT 上显示报警内容,根据数控系统说明书,即可排除故障,解除报警。

2. 过载

当进给运动的负载过大,频繁正、反向运动以及进给传动链润滑状态不良时,均会引起过载报警。一般会在 CRT 上显示伺服电机过载、过热或过流等报警信息。同时,在强电柜中的进给驱动单元上,用指示灯或数码管提示驱动单元过载、过电流等信息。

3. 窜动

在进给时出现窜动现象,有以下原因:

(1)测速信号不稳定,如测速装置故障、测速反馈信号干扰等。

(2)速度控制信号不稳定或受到干扰。

(3)接线端子接触不良、螺钉松动等。

若窜动发生在由正向运动向反向运动的瞬间,则一般是由于进给传动链的反向间隙或伺服系统增益过大所致。

4. 爬行

爬行发生在启动加速段或低速进给时,一般是由于进给传动链的润滑状态不良,伺服系统增益过低及外加负载过大等因素所致。尤其要注意的是,滚珠丝杠转动和伺服电动机的转动不同步,从而使进给运动忽快忽慢,产生爬行现象。

5. 振动

当机床发生振动故障时,应分析机床振动周期是否与进给速度有关。

(1)若与进给速度有关,则振动一般与该轴的速度环增益太高或速度反馈故障有关。

(2)若与进给速度无关,则振动一般与位置环增益太高或位置反馈故障有关。

(3)如振动在加/减速过程中产生,则往往是系统加/减速时间设定过小造成的。

6. 伺服电动机不转

数控系统至进给驱动单元除了速度控制信号外,还有使能控制信号。可分别检查数控系统是否有速度控制信号输出,或检查使能信号是否接通。通过 CRT 观察 I/O 状态,分析机床 PLC 梯形图(或流程图),以确定进给轴的启动条件,如润滑、冷却等是否满足。对带电磁制动的伺服电动机,应检查电磁制动是否释放。

7. 位置误差

当伺服运动超过位置允差范围时,数控系统就会产生位置误差(包括跟随误差、轮廓误差和定位误差)过大的警报。主要原因:系统设定的允差范围过小;伺服系统增益设置不当;位置检测装置有污染;进给传动链累计误差过大;主轴箱垂直运动时平衡装置(如平衡油缸)不稳。

8. 漂移

当指令值为零时,坐标轴仍移动,从而造成位置误差。通过漂移补偿和驱动单元上的零速调整来消除。

9. 回参考点故障

在全数字式的数控系统中,由于数控系统与伺服系统的通信联系,伺服系统的状态可通过数控系统的 CRT 来监控。

8.4.4　主轴伺服系统常见故障及处理

1. 直流主轴伺服系统常见故障及处理

(1)主轴电动机振动或噪声太大。这类故障的起因有系统电源缺相或相序不对,主轴控制单元上的电源频率开关(50/60 Hz 切换)设定错误,设定单元上的增益电路调整不好,电流反馈回路调整不好,电动机轴承故障,主轴电动机和主轴之间连接的离合器故障,主轴齿轮啮合不好及主轴负荷太大等。

(2)主轴不转。引起这一故障的原因有:印制线路板太脏、触发脉冲电路故障、系统未给出主轴旋转信号,电动机动力线或主轴控制单元与电动机间连接不良。

(3)主轴速度不正常。造成此故障的原因有装在主轴电动机尾部的测速发电机故障,速度指令给定错误或 D/A(数/模)变换器故障。

(4)发生过流报警。发生过流报警的原因:电流极限设定错误,同步脉冲紊乱和主轴电动机电枢绕组层间短路。

(5)速度偏差过大。这种报警是由于负荷过大,电流零信号没有输出和主轴被制动。

2. 交流主轴伺服系统常见故障及处理

(1)电动机过热。造成过热的可能原因有负载过大,电动机冷却系统太脏,电动机的冷却风扇损坏和电动机与控制单元之间连接不良。

(2)主轴电动机不转或达不到正常转速。产生这类故障的原因有速度指令不正常(如有报警可按报警内容处理),主轴电动机不能启动(可能与主轴定向控制用的传感器安装不良有关)等。

(3)交流输入电路的保险丝烧断。引起这类故障的原因多是交流电源侧的阻抗太高(例如在电源侧用自耦变压器代替隔离变压器),变流电源输入处的浪涌吸收器损坏,电源整流桥损坏,逆变器用的晶体管模块损坏或控制单元的印制线路板故障。

(4)再生回路用的保险丝烧断。这大多是由于主轴电动机的加/减速频率太高引起的。

(5)主轴电动机有异常噪声和振动。对这类故障应先检查确认是在何种情况下产生的。若在减速过程中产生,则故障发生在再生回路。此时应检查回路处的保险丝是否烧断及晶体管是否损坏。若在恒速下产生,则应先检查反馈电压是否正常,然后突然切断指令,观察电动机停转过程中是否有噪声。若有噪声,则故障出现在机械部分,否则,应在印制电路板上。若反馈电压不正常,则需要检查振动周期是否与速度有关。若有关,应检查主轴与主轴电动机连接是否合适、主轴以及装在主轴电动机尾部的脉冲发生器是否不良;若无关,则可能是印制线路板调整不好或不良,或是机械故障。

(6)电动机速度超过额定值。可能原因是设定错误、所用软件不对(此时应检查板上的 ROM 规格号,这只是在更换印制板线路板之后才可能产生)或印制线路板故障。

8.4.5 数控系统常见故障及处理

根据数控系统的构成、故障部位及故障现象、工作原理和特点,结合我们在维修中的经验,将常见的故障部位及故障现象介绍如下。

1.位置环

这是数控系统发出控制指令,并与位置检测系统的反馈值相比较,进一步完成控制任务的关键环节,具有很高的工作频度,并与外设相连接,所以容易发生故障。常见的故障有:

(1)位置环报警。可能是测量回路开路;测量系统损坏,位控单元内部损坏。

(2)不发指令就运动。可能是漂移过高,正反馈,位控单元故障;测量元件损坏。

(3)测量元件故障。一般表现为无反馈值,机床回不了基准点,高速时漏脉冲产生报警。可能的原因是光栅测量元件内灯泡坏了、光栅或读头脏了或是光栅损坏了。

2.伺服驱动系统

伺服驱动系统与电源电网、机械系统等相关联,而且在工作中一直处于频繁的启动和运行状态,因而这也是故障较多的部分。主要故障有:

(1)系统损坏。一般由于网络电压波动太大,或电压冲击造成。我国大部分地区电网质量不好,会给机床带来电压超限,尤其是瞬间超限,如无专门的电压监控仪,则很难测到,在查找故障原因时,要加以注意。还有一些是由于特殊原因造成的损坏,如华北某厂由于雷击中工厂变电站并窜入电网而造成多台机床伺服系统损坏。

(2)无控制指令,而电机高速运转。这种故障的原因是速度环开环或正反馈。如在东北某厂,引进的西德 WOTAN 公司转子铣床在调试中,机床 X 轴在无指令的情况下高速运转,经分析认为是正反馈造成的。因为系统零点漂移,在正反馈情况下,就会迅速累加使电机在高速下运转,而按标签检查线路后完全正确,机床厂技术人员认为不可能接错,在充分分析与检测后将反馈线反接,结果机床运转正常。机床厂技术人员不得不承认德方工作失误。

3.电源部分

电源部分是维持系统正常工作的能源支持部分,它失效或故障的直接结果是造成系统的停机或毁坏整个系统。一般在欧美发达国家,电力充足,电源质量比较好,这类问题比较少,因而在设计上这方面的因素考虑得不是很多。在中国由于电力紧张,造成电源波动较大,而且质量差,还隐藏有如高频脉冲这一类的干扰,以及一些人为的因素,如突然拉闸断电等。

另外,数控系统部分运行数据、设定数据以及加工程序等一般存储在 RAM 存储器内,系统断电后,靠电源的后备电池或锂电池来保持。因而,停机时间比较长,拔插电源或存储器都可能造成数据丢失,使系统不能运行。

4.可编程序控制器逻辑接口

数控系统的逻辑控制如刀库管理、液压启动等,主要由 PLC 来实现。要完成这些控制就必须采集各控制点的状态信息,如断电器、伺服阀、指示灯等。因此,PLC 与外界种类繁多的各种信号源和执行元件相连接,变化频繁,所以发生故障的可能性就比较大,而且故障类型亦千变万化。

5.其他

由于环境条件,如干扰、温度、湿度超过允许范围,操作不当,参数设定不当,亦可能造成停机或故障。有一工厂的数控设备,开机后不久便失去数控准备好信号,系统无法工作,经检查发现机体温度很高,原因是通气过滤网已堵死,引起温度传感器动作。更换滤网后,系统正常工作。

不按操作规程拔插线路板,或无静电防护措施等,都可能造成停机故障甚至毁坏系统。

一般在数控系统的设计、使用和维修中,必须考虑对经常出现故障的部位给予报警。报警电路工作后,一方面在屏幕或操作面板上给出报警信息,另一方面发出保护性中断指令,使系统停止工作,以便查清故障和进行维修。

8.5　数控机床的抗干扰性措施

计算机用于数控机床等工业控制,抗干扰要求无处不在,一旦控制介质被干扰,就可能产生故障。抗干扰技术是使电气设备对外界干扰有足够的抵抗力,以保证设备正常工作的技术。

1. 电磁抗干扰技术

工业控制机抗干扰技术主要包括电源的抗干扰技术、电磁抗干扰技术、软件抗干扰技术、通信抗干扰技术、输入/输出通道抗干扰技术。

工业现场种类繁多的加工机械和动力设备的启停运转,如电焊和电火花加工、晶闸管调压、变频设备等,都是干扰源。这些干扰源能以电磁场方式作用到工控机系统上,又能通过电源侵入计算机系统造成干扰,而通过电源造成干扰是最直接的,甚至是破坏性的,占工业控制机被干扰的绝大多数。雷击对工控机造成的干扰和破坏,大多数也是从电源入侵的,因此,要提高工业控制系统的抗干扰能力,首先要在电源上下功夫。

现在重点讲述数控机床电磁抗干扰技术(EMC)。

数控机床既包含高电压、大电流的强电设备,如各种交、直流伺服驱动器,步进电动机驱动器,各种交、直流伺服电动机,步进电动机等;又包含低电压、小电流的控制与信号处理设备和传感器,即弱电设备,如工控机等。数控机床的信号流图如图 8-2 所示。

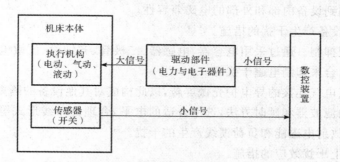

图 8-2　数控机床信号流图

强电设备和弱电设备本身是不相容的,强电设备产生的强烈电磁干扰对弱电设备的正常工作构成极大威胁。此外,系统所在的生产现场的电磁环境较恶劣,系统外各种动力负载的干扰、供电系统的干扰、大气中的干扰等都会对系统内的弱电设备产生严重的影响,由于是由弱电设备控制强电设备的,所以一旦弱电设备受到干扰,最终将导致整个系统的瘫痪。

2. 电磁干扰的三要素

电磁兼容性研究的主要内容是围绕造成干扰的三要素进行的,即电磁干扰源、传输途径和敏感设备。

(1)电磁干扰源。电磁干扰源和电磁干扰经常被人们混同起来,实际上电磁干扰是指由电磁干扰源引起的设备、传输通道或系统性能的下降,而电磁干扰是一种客观存在,只有在影响敏感设备正常工作时才构成电磁干扰。

电磁干扰源有多种,有的来自自然界,有的是人为造成的。来自自然界的电磁干扰源主要是由于雷电产生的大气噪声、宇宙射线噪声和太阳辐射等。人为造成的电磁干扰源分为有意的和无意的两种:所谓有意的,是指那些必须发射电磁波的电子设备等;所谓无意的,包括计算机设备,电力传动设备,电力与电子器件组成的交流装置等。

(2)传输途径。电磁干扰可能以电流的形式沿电源线和电缆传播,或是以辐射波的形式通过空间传播。传导发射可以由差模电流产生,也可以由共模电流产生,或者二者兼而有之。差模电流发射源包括同一电源上的其他用电设备,比如计算机设备,电器、电机等,耦合到电源线上的所有辐射源,可以通过杂散电容和电磁感应耦合到设备机架或外壳上产生共模电流。

辐射是由高阻抗的电场源(比如单极子)或者低阻抗磁场源(比如变压器)造成的。空间场的强弱取决于源与源之间的距离、源的频率和性质。

(3)敏感设备。电磁干扰可以通过传导、辐射等各种途径传输到设备上,但能否对设备产生干扰,影响设备的正常工作,则取决于电磁干扰的强度和电磁设备的抗干扰能力,即设备的电磁敏感性。设备的抗干扰能力通常由设备内部所含的最敏感电路或元件的抗干扰能力所决定。各类设备结构不同,电路不同,元件不同,所以抗干扰能力不同。通常容易受电磁干扰影响的敏感设备有计算机等。

3.数控机床抗电磁干扰措施

针对电磁干扰的3个要素,抑制电磁干扰的发射、切断电磁干扰的传输途径、提高敏感设备的抗干扰能力是数控系统达到电磁兼容性要求的主要手段。最常采用的是屏蔽、滤波、接地三大技术。屏蔽用于切断空间的辐射发射途径,滤波用于切断通过导线的传导发射途径,接地的好坏则直接影响到设备内部和外部的电磁兼容性。

(1)限制电气设备产生干扰的措施。

1)在干扰源处抑制。通过采用电容器、电感器、二极管、齐纳管、压敏电阻、有源器件等元件或这些元件的组合来抑制电磁干扰源。

2)设备采用有电气连接的导电护壳做屏蔽,以此构成对其他设备的隔离。

3)采用合适的滤波器和延时方法,选用合适的电平,合理的布线形式等;消除不应有的静电放电效应,以及放射电磁能和负荷馈线产生的干扰。

(2)降低设备上干扰效应的措施。

1)电路接参考电位。将每个电路连接到地平板(底板)的端子上,用大截面绝缘导线连接到地。

2)设备可导电结构件间互连。可导电结构件用尽可能短的大截面导体连接到公共点上,导体件借助滑动触点或铰链用大截面编织导体连接到设备外壳。

3)布线规范。用静电屏蔽、电磁屏蔽、采用双绞线和电缆定向走线(如交叉电缆走线接近实际可行的90°),以保证低电平信号的布线不受控制电缆或动力电缆的干扰影响,必要时连接走线要平行并接近接地平板。

4)设备分离。把灵敏的设备(带有脉冲或低电平信号的工作单元)与一些开关设备(电磁继电器、接触器等)分离、屏蔽或分离加屏蔽。低电平信号布线与控制电缆和动力电缆分离。

4.数控系统电磁兼容性的要求

数控系统一般在电磁环境较恶劣的工业现场使用。为了保证系统在此环境中能够正常工作,系统必须达到 JB/T8832—2001《机床数控系统通用技术条件》中的电磁兼容性要求。包括电压暂降和短时中断抗扰度,浪涌(冲击)抗扰度,电流快速瞬间变脉冲群抗扰度,静电放电抗扰度。

思考题与习题

8—1　数控机床维护的目的是什么?

8—2　什么叫数控机床的可靠性?

8—3　数控机床的故障分哪几类?

8—4　数控机床的机械故障有哪些?

8—5　如何提高数控机床的抗干扰能力?

参考文献

[1] 王润孝,秦现生. 数控原理与系统[M]. 西安:西北工业大学出版社,1999.

[2] 李宏胜. 机床数控技术与应用[M]. 北京:高等教育出版社,2003.

[3] 苏宏志. 数控原理与系统[M]. 西安:西安电子科技大学出版社,2006.

[4] 严爱珍. 机床数控原理与系统[M]. 北京:机械工业出版社,2003.

[5] 李善术. 数控机床及其应用[M]. 北京:机械工业出版社,2003.

[6] 王爱玲. 数控原理与数控系统[M]. 北京:机械工业出版社,2006.

[7] 马一民,关雄飞. 数控技术及应用[M]. 西安:西安电子科技大学出版社,2006.

[8] 白恩远. 现代数控机床伺服及检测技术[M]. 北京:国防工业出版社,2005.

[9] 王凤蕴,张超英. 数控原理与典型数控系统[M]. 北京:高等教育出版社,2003.

[10] 王永章. 数控技术[M]. 北京:高等教育出版社,2001.

[11] 晏初宏. 数控机床[M]. 北京:机械工业出版社,2002.

[12] 彭晓南. 数控技术[M]. 北京:机械工业出版社,2001.

[13] 狄丽. 数控机床电气控制[M]. 西安:西安电子科技大学出版社,2006.

[14] 林其骏. 机床数控系统[M]. 北京:中国科学技术出版社,1999.

[15] 林其骏. 数控技术及其应用[M]. 北京:机械工业出版社,2001.